"十四五"职业教育国家规划教材

高职高专艺术设计专业"互联网+"创新规划教材

3ds Max 2024 & VRay 室内设计案例教程（第4版）

伍福军　张巧玲　著

李　胡　陈公凡　主审

U0195050

北京大学出版社
PEKING UNIVERSITY PRESS

内 容 简 介

本书根据作者多年的教学经验以及对高职高专、中等职业学校及技工学校学生实际情况的了解（强调学生的动手能力），精心挑选了 38 个项目进行详细讲解，全面介绍了室内设计的基础理论、建模技术、材质贴图技术、摄影机技术、灯光技术、渲染技术、VRay6.1 的应用和利用 Photoshop 进行后期处理的技术等内容，使读者能够全面了解并掌握室内设计所需的各种技术。

本书共 7 章，分别为室内设计基础知识，墙体、门窗、地面模型设计，家具、家电、装饰物模型设计，客厅、餐厅、阳台空间表现，卧室模型设计，卧室空间表现，室内空间 VR 效果表现。作者将 3ds Max 2024 和 VRay6.1 的基本功能和新功能融入案例进行讲解，读者可以边学边练，既能掌握软件功能，又能快速进入案例实践中。本书还提供了两套书房效果图表现、厨房效果图表现教学视频和 VRay6.1 插件中灯光、材质以及基本参数介绍的视频。读者可以通过扫描二维码观看或下载与本书配套的教学视频、源文件、贴图文件和参考素材。

本书不仅适用于高职高专、中等职业学校及技工学校的学生，而且也适合作为短期培训的案例参考，尤其适合相关专业的初学者和自学者使用。

图书在版编目（CIP）数据

3ds Max 2024 & VRay 室内设计案例教程 / 伍福军，张巧玲著 . -- 4 版 . -- 北京：北京大学出版社，2024.9 . --（高职高专艺术设计专业"互联网+"创新规划教材）. -- ISBN 978-7-301-35547-3

Ⅰ . TU238.2-39

中国国家版本馆 CIP 数据核字第 2024ZF8371 号

书　　　名	3ds Max 2024 & VRay 室内设计案例教程（第 4 版）
	3ds Max 2024 & VRay SHINEI SHEJI ANLI JIAOCHENG（DI-SI BAN）
著作责任者	伍福军　张巧玲　著
策 划 编 辑	孙　明
责 任 编 辑	史美琪
数 字 编 辑	金常伟
标 准 书 号	ISBN 978-7-301-35547-3
出 版 发 行	北京大学出版社
地　　　址	北京市海淀区成府路 205 号　100871
网　　　址	http://www.pup.cn　　　新浪微博：@ 北京大学出版社
电 子 邮 箱	编辑部 pup6@pup.cn　　　总编室 zpup@pup.cn
电　　　话	邮购部 010- 62752015　　发行部 010-62750672　　编辑部 010-62750667
印 刷 者	河北博文科技印务有限公司
经 销 者	新华书店
	889 毫米 ×1194 毫米　16 开本　15.5 印张　446 千字
	2009 年 1 月第 1 版　　2011 年 9 月第 2 版
	2019 年 1 月第 3 版
	2024 年 9 月第 4 版　　2024 年 9 月第 1 次印刷
定　　　价	45.00 元

第4版前言

　　本书根据作者多年的教学经验以及对高职高专、中等职业学校及技工学校学生实际情况的了解（强调学生的动手能力），精心挑选了38个项目进行详细讲解，全面介绍了室内设计的基础理论、建模技术、材质贴图技术、摄影机技术、灯光技术、渲染技术、VRay6.1的应用和利用Photoshop进行后期处理的技术等内容。在撰写本书的过程中，作者深受党的二十大报告的启发，特别是报告中提到的"坚持中国特色社会主义文化发展道路，增强文化自信"，为教材和教学提供了重要的指导思想。

　　作者将3ds Max 2024和VRay6.1的基本功能和新功能融入案例的讲解过程中，使读者可以边学边练，既能掌握软件功能，又能快速进入案例操作过程中。我们相信，通过这样的实践教学，可以培养出更多具有创新精神和实践能力的设计人才，正如党的二十大报告所强调的"必须坚持科技是第一生产力、人才是第一资源、创新是第一动力"。本书还提供了两套书房效果图表现、厨房效果图表现教学视频和VRay6.1插件中灯光、材质以及基本参数介绍的视频。读者可以通过扫描二维码观看或下载与本书配套的教学视频、源文件、贴图文件和参考素材。

　　本书在结构上采用了【项目内容简介】→【项目效果欣赏】→【项目制作流程】→【项目详细过程】→【项目小结】→【项目拓展训练】这一思路进行撰写，从而达到如下教学目的。

　　（1）通过项目内容简介，帮助学生了解项目制作的基本情况。

　　（2）通过项目效果欣赏，提高学生的学习积极性和主动性。

　　（3）通过项目制作流程，学生可以在制作前了解项目的制作流程、基本知识点以及制作步骤。

　　（4）通过项目详细过程，帮助学生了解项目制作中需要注意的细节、方法和技巧。

　　（5）通过项目小结，学生对项目进行总结和归纳，进而加强对所学内容的记忆。

　　（6）通过项目拓展训练，加强学生对所学知识的巩固，提高他们的知识迁移能力。另外，可以根据学生的实际情况指导他们的拓展训练，培养他们举一反三的能力。

　　本书内容丰富，既可作为教材，又可作为室内设计师与室内设计爱好者的工具书。读者可以随时翻阅和查找想要了解的内容。每一章都提供了针对性的学习建议，并配有相应的案例效果文件。通过案例效果文件，学生可以更好地理解和应用相关知识。本书由伍福军、张巧玲著，李胡、陈公凡主审。

　　由于作者水平有限，本书可能存在疏漏之处，敬请广大读者批评指正！电子邮箱：763787922@163.com。

【资源索引】

伍福军　张巧玲

2024年1月

目　　录

【室内预览效果】　　【室内 VR 预览效果】

第1章

室内设计基础知识

技能点

项目 1：室内设计理论基础知识。

项目 2：室内和家具的基本尺寸。

项目 3：家具布置的相关知识。

项目 4：室内灯具的相关知识。

项目 5：室内效果表现的基本美学知识。

项目 6：3ds Max 2024 基础知识。

项目 7：室内模型。

项目 8：材质。

项目 9：灯光与渲染。

项目 10：效果图制作的基础操作。

说 明

本章主要通过 10 个项目全面介绍室内设计理论基础知识、室内和家具设计的相关知识、室内效果图表现的基本美学知识、3ds Max 2024 基础知识、室内模型的制作方法，以及材质、灯光、渲染和效果图制作的基础操作，旨在让读者对本书介绍的知识有初步了解，为后面章节的学习打下基础。

教学建议课时数

一般情况下需要 10 课时，其中理论 4 课时，实际操作 6 课时（特殊情况下可做相应调整）。

【第1章 内容简介】

　　室内效果图是装潢设计公司在装修之前向客户表达设计思想和设计意图的最好方法，也是竞标的重要资料之一。它让客户在第一时间直观地看到装潢完成后的室内效果。随着科学技术的不断发展，国内设计效果图的制作水平得到了突飞猛进的发展，效果图的质量和从业人员的制作水平也越来越高，再加上计算机软件功能的不断升级、房地产行业的迅猛发展，极大地推动了装潢设计行业的发展。我们在设计时，要意识到党的二十大报告中提出的"推动绿色发展，促进人与自然和谐共生"的重要性，这要求我们要不断探索和应用环保材料与节能技术，促进可持续发展。制作效果图的软件非常多，如 3ds Max、Auto CAD、SketchUp、LightScape、Photoshop、天正、Auto desk VIZ、Premiere Pro 等，其中以 3ds Max、SketchUp、Photoshop 等最为常用。

项目 1：室内设计理论基础知识

【项目 1：内容
简介】

一、项目内容简介

本项目主要介绍室内设计的相关理论基础知识。

二、项目效果欣赏

三、项目制作流程

四、项目详细过程

项目引入：

（1）什么是室内设计？

（2）室内设计主要包括哪些内容？

（3）目前室内设计的主要观点有哪些？

（4）室内设计的依据是什么？室内设计的要求有哪些？

（5）室内设计的发展趋势是什么？

任务一：室内设计的含义

　　室内设计是根据建筑物的使用性质、所处环境和相应标准，运用物质技术手段和建筑美学的原理，创造出功能合理、舒适优美、满足人们物质和精神生活需求的室内环境。

由于人们长时间生活活动在室内，因此，室内环境质量直接关系到人们室内生活和生产活动的质量，关系到人们的安全、健康、舒适等问题。室内环境的设计应该将保障安全和有利于人的身心健康作为首要前提。在室内环境的设计中，除了要考虑使用功能、冷暖光照等物质功能方面的要求，还要考虑与建筑物的类型相适应的室内环境氛围和风格等。

视频播放： 具体介绍请观看配套视频"任务一：室内设计的含义.mp4"。

【任务一：室内设计的含义】

任务二：室内设计的基本内容

现代室内设计也称室内环境设计，涵盖的内容比传统的室内装饰更为广泛，所涉及的因素更多，内容也更深入。

室内环境设计的内容涉及由界面围成的空间形状、空间尺度和空间环境，其中包括室内声、光、热环境及室内空气环境（空气质量、有害气体和粉尘含量、放射剂量……）等室内客观环境因素。如果从人对室内环境的身心感受的角度来分析，室内环境主要有室内视觉环境、听觉环境、触觉环境、嗅觉环境等，即人们对环境的生理和心理的主观感受，其中又以视觉感受最为直接和强烈。客观环境因素和人们对环境的主观感受是现代室内环境设计需要重点探讨和研究的核心问题。

不同颜色和光线在室内的效果如图 1.1 所示。

图 1.1　不同颜色和光线在室内的效果

视频播放： 具体介绍请观看配套视频"任务二：室内设计的基本内容.mp4"。

【任务二：室内设计的基本内容】

任务三：室内设计的基本观点

现代室内设计不仅要满足现代人的需求、契合时代精神，还需要体现下述的一些基本观点。

1. 以满足人和人际活动的需要为核心

"为人服务，这正是室内设计社会功能的基石。"室内设计的目标是通过创造室内空间环境为人服务，设计者始终要将人对室内环境的需求放在首位，这包括物质和精神两个层面的需求。然而，设计过程中的矛盾错综复杂、问题千头万绪，设计者需要清醒地认识到以人为本、为人服务，将人的安全和身心健康置于设计的核心位置，以满足人和人际活动的需要。

设计者应从为人服务这一"功能的基石"出发，细致入微、设身处地地为人们创造美好的室内环境。因此，现代室内设计特别重视人体工程学、环境心理学、审美心理学等方面的研究，从而科学地、深入地了解人们的生理特点、行为心理和视觉感受等方面对室内环境的设计要求。

不同功能空间的环境布局效果如图 1.2 所示。

2. 环境整体观

现代室内设计应以整体环境为考量，包括立意、构思，以及室内风格和环境氛围的创造。室内环境的"内"和室外环境的"外"，是一对相辅相成、辩证统一的矛盾，想要更深入地做好室内设计，就需要对整体环境有足够的了解和分析，着手于"室内"，着眼于"室外"。

图 1.2   不同功能空间的环境布局效果

现代室内设计涵盖室内空间环境、视觉环境、空气质量环境、物理环境（声、光、热等）、心理环境等方面，在设计时固然要重视视觉环境的设计，但不应局限于视觉环境，对室内空气质量环境、物理环境及心理环境等因素也应重视。因为人们对室内环境是否舒适的感受，是对整体环境的感受。一个闷热、噪声很高的室内，即使看上去很漂亮，待在里面也很难给人愉悦的感受。

3. 科学性与艺术性的结合

现代室内设计注重科学性与艺术性的高度结合，这是一个重要观点。随着社会生活和科学技术的进步，人们价值观和审美观也发生了改变，这促使室内设计必须充分重视并积极运用当代科学技术的成果，例如使用新型材料、结构构成和施工工艺，以及新型设施和设备创造良好的物理环境。设计者必须以科学的态度认真分析室内物理环境和心理环境的优劣。

现代室内设计，一方面要充分重视科学性，另一方面要充分考虑艺术性。在重视物质技术手段的同时，也要高度关注建筑美学原理，创造出具有表现力和感染力的室内空间和形象。室内环境应该具有视觉愉悦感和文化内涵，使生活在现代社会高科技、快节奏中的人们，在心理上、精神上得到平衡。因此，现代建筑和室内设计需要解决高科技和高情感的问题。

科学与艺术结合的室内空间效果如图 1.3 所示。

图 1.3   科学与艺术结合的室内空间效果

4. 动态、可持续的发展观

现代室内设计的一个显著特点是随着时间的推移，室内功能会发生相应的变化，这一特点在设计时要特别注意。当今社会生活节奏日益加快，建筑室内的功能复杂而又多变，室内装饰材料、设施设备，甚至门窗等配件的更新换代也日新月异。因此，作为现代室内环境的设计者和创造者，不能急功近利，只顾眼前，而应树立节能和充分利用室内空间的意识，力求运用无污染的绿色装饰材料，力争创造人与环境、人工环境与自然环境相协调的设计。

视频播放：具体介绍请观看配套视频"任务三：室内设计的基本观点.mp4"。

【任务三：室内设计的基本观点】

任务四：室内设计的依据和要求

1. 室内设计的依据

室内设计必须事先对所在建筑物的功能特点、设计意图、结构构成、设施设备等情况充分掌握，也要对建筑物所在地区的室外环境等有所了解。具体而言，室内设计主要依据以下几项内容。

（1）人体尺度及人们在室内停留、活动、交往、通行时的空间范围（室内设计的关键考虑因素）。首先，人体尺度和活动区域需要考虑所需的尺寸和空间范围，符合人们交往时心理需求的人际距离，以及人们在室内通行时各处通道的宽度。人体尺度指的是人在室内完成各种动作时所需的活动范围，它是确定门、窗台、阳台、家具等的尺寸及相互之间的距离，以及楼梯平台、室内净高等的最小高度的基本依据。此外，室内设计还必须考虑人们在不同性质的室内空间中的心理感受，以满足人们的心理需求。

上述的依据可以归纳为静态尺度、动态活动范围和心理需求范围。

（2）家具、灯具、设备、陈设等尺寸，以及使用、安置它们时所需的空间范围。室内空间里，除了人的活动外，主要占用空间的内含物有家具、灯具、设备、陈设等。对于灯具、空调设备、洁具等，除了要考虑它们本身的尺寸和使用、安置所需的空间范围，还需要注意在建筑设计与施工过程中，对布线、管道等的整体布置，因此，在室内设计时应尽可能在这些设施设备的接口处予以连接和协调。对于出风口、灯具等在位置、功能、造型方面的要求，适当在接口上做些调整也是允许的。

（3）室内空间的结构构成、构件尺寸、设施管线等的尺寸和制约条件。室内空间的结构体系、柱网的间距、楼面的板厚梁高、风管的断面尺寸及水电管线的走向和铺设要求等，都是组织室内空间时必须考虑的因素。尽管有些设施内容，如风管的断面尺寸、水管线的走向等，在与有关工种的协调下可做调整，但其仍然是必要的依据条件和制约因素。

（4）符合设计环境要求、可供选用的装饰材料和可行的施工工艺。要将设计设想变成现实，就需要选用合适的地面、墙面、顶棚等各个界面的装饰材料，并采用切实可行的施工工艺。这些因素在设计开始时就必须考虑到，以确保设计方案的可行性。

2. 室内设计的要求

（1）合理安排室内空间组织和平面布局，提供符合使用要求的室内声、光、热设备，以满足室内环境物质功能的需求。

（2）设计造型优美的空间构成和界面，配置宜人的光、色、材质，以符合建筑物的环境气氛，并满足室内环境精神功能的需求。

（3）采用合理的装修构造和技术措施，选择合适的装饰材料和设施设备。

（4）符合安全、防火、卫生等设计规范，遵守与设计任务相适应的有关定额标准。

（5）随着时间的推移，考虑调整室内功能、更新装饰材料和设备的可能性。

（6）考虑到可持续发展的要求，室内环境设计应注重节能、节材和防止污染，同时还应充分利用室内空间。

从上述室内设计的依据和要求的内容来看，要想做一个室内设计师，尤其是一个优秀的室内设计师，应该按以下要求不断提升自己。

（1）掌握建筑单体设计和环境总体设计的基本知识，特别是建筑单体功能、平面布局、空间组织、造型设计的必要知识，同时提升建筑艺术方面的专业素养。

（2）掌握建筑材料、装饰材料、建筑结构与构造、施工技术等建筑材料和建筑技术方面的必要知识。

（3）掌握声、光、热等与建筑相关的物理知识，以及声、光、电等设备的相关知识。

（4）学习人体工程学、环境心理学，以及计算机软件技术。

（5）提升良好的艺术素养和设计表达能力，对历史传统、人文民俗、乡土风情等有一定的了解。

（6）熟悉建筑和室内设计的相关法律法规和规章制度。

视频播放：具体介绍请观看配套视频"任务四：室内设计的依据和要求.mp4"。

【任务四：室内设计的依据和要求】

任务五：室内设计的发展趋势

随着社会的发展和时代的进步，现代室内设计具有以下发展趋势。

（1）从总体上看，室内设计学科的相对独立性日益增强，同时，与多学科、边缘学科的联系和结合的趋势也日益明显。现代室内设计除了仍以建筑设计作为学科发展的基础外，工艺美术和工业设计的一些观念、思考和工作方法也日益在室内设计中发挥重要作用。

（2）室内设计的发展适应于当今社会发展的特点，趋向于多层次和多风格发展，这是因为室内设计根据使用对象的不同、建筑功能和投资标准的差异而呈现出多层次、多风格的发展趋势。需要着重指出的是，不同层次、不同风格的现代室内设计都将更加重视人的精神需求和环境的文化内涵。

（3）在专业设计进一步深化和规范化的同时，业主及大众参与的势头也越来越明显。

（4）设计、施工、材料、设施、设备之间的协调和配套关系加强，各部分的规范化进程进一步完善。

（5）由于室内环境具有周期更新的特点，且其更新周期相对较短，因此，在室内设计、施工技术和工艺方面应优先考虑干式作业、块件安装以及预留措施等要求。

（6）从可持续发展的宏观要求出发，室内设计将更重视使用绿色环保的装饰材料，重视节能与室内空间的充分利用，以创造一个有利于身心健康的室内环境。

视频播放：具体介绍请观看配套视频"任务五：室内设计的发展趋势.mp4"。

【任务五：室内设计的发展趋势】

五、项目小结

本项目主要介绍了室内设计的含义、基本内容、基本观点、依据、要求和发展趋势。要求重点掌握室内设计的含义、基本内容和发展趋势。

六、项目拓展训练

根据本项目的学习内容，请读者通过查阅书籍和网络搜索等手段收集资料，撰写一篇 2000 字左右的文章，阐述自己对室内设计的理解。

【项目 1：小结和拓展训练】

项目 2：室内和家具的基本尺寸

一、项目内容简介

本项目主要介绍室内和家具的基本尺寸。

二、项目效果欣赏

理论基础知识，无效果图。

【项目 2：内容简介】

三、项目制作流程

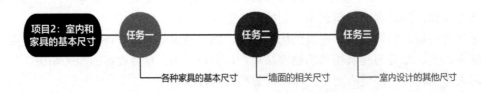

四、项目详细过程

项目引入：

（1）室内设计中常用的家具有哪些？

（2）了解常用家具的基本尺寸。

（3）室内设计的其他尺寸包括哪些？

（4）为什么要了解室内的基本尺寸和家具的基本尺寸？

任务一：各种家具的基本尺寸

（1）衣橱。

深度：60～65cm；衣橱门宽度：40～65cm。

（2）推拉门。

宽度：75～150cm；高度：190～240cm。

（3）矮柜。

深度：35～45cm；柜门宽度：30～60cm。

（4）电视柜。

深度：45～60cm；高度：60～70cm。

（5）单人床。

宽度：90cm、105cm、120cm；长度：180cm、186cm、200cm、210cm。

（6）双人床。

宽度：135cm、150cm、180cm；长度：180cm、186cm、200cm、210cm。

（7）圆床。

直径：186cm、212.5cm、242.4cm（常用）。

（8）室内门。

宽度：80～95cm；高度：190cm、200cm、210cm、220cm、240cm。

（9）厕所门、厨房门。

宽度：80cm、90cm；高度：190cm、200cm、210cm。

（10）窗帘盒。

高度：12～18cm；深度：单层布12cm，双层布16～18cm（实际尺寸）。

（11）沙发。

① 单人式。

长度：80～95cm；深度：80～90cm；坐垫高：35～42cm；背高：70～90cm。

② 双人式。

长度：126～150cm；深度：80～90cm；坐垫高：35～42cm；背高：70～90cm。

③ 三人式。

长度：175～196cm；深度：80～90cm；坐垫高：35～42cm；背高：70～90cm。

④ 四人式。

长度：232～252cm；深度：80～90cm；坐垫高：35～42cm；背高：70～90cm。

（12）茶几。

① 小型的长方形茶几。

长度：60～75cm；宽度：45～60cm；高度：38～50cm（38cm最佳）。

② 中型的长方形茶几。

长度：120～135cm；宽度：38～50cm或60～75cm；高度：38～50cm（38cm最佳）。

③ 正方形茶几。

长度：75～90cm；高度：43～50cm。

④ 大型的长方形茶几。

长度：150～180cm；宽度：60～80cm；高度：33～42cm（33cm 最佳）。

⑤ 圆形茶几。

直径：75cm、90cm、105cm、120cm；高度：33～42cm。

（13）书桌。

① 固定式。

深度：45～70cm（60cm 最佳）；高度：75cm。

② 活动式。

深度：65～80cm；高度：75～78cm。

（14）餐桌。

① 一般的餐桌。

高度：75～78cm（中式），68～72cm（西式）；宽度：75cm、90cm、120cm。

② 长方桌。

宽度：80cm、90cm、105cm、120cm；长度：150cm、165cm、180cm、210cm、240cm。

③ 圆桌。

直径：90cm、120cm、135cm、150cm、180cm。

（15）书架。

深度：25～40cm（每一格）；长度：60～120cm。

（16）高柜。

深度：45cm；高度：180～200cm。

（17）化妆台。

长度：135cm；宽度：45cm。

视频播放： 具体介绍请观看配套教学视频"任务一：各种家具的基本尺寸.mp4"。

【任务一：各种家具的基本尺寸】

任务二：墙面的相关尺寸

踢脚线高：8～20cm；墙裙高：80～150cm；挂镜线高：160～180cm（镜中心距地面的高度）。

视频播放： 具体介绍请观看配套教学视频"任务二：墙面的相关尺寸.mp4"。

【任务二：墙面的相关尺寸】

任务三：室内设计的其他尺寸

1. 卫生间用具的占地面积

（1）马桶占地面积一般为 37cm×60cm。

（2）悬挂式或圆柱式盥洗池占地面积一般为 70cm×60cm。

（3）正方形淋浴间的占地面积一般为 80cm×80cm。

（4）浴缸的占地面积一般为 160cm×70cm。

2. 浴缸与对面的墙之间的距离

浴缸与对面的墙之间的距离一般为 100cm，这一距离给人提供了足够的活动空间。即使浴室空间较小，安装浴缸时也要确保留出足够的走动空间。浴缸和其他墙面之间至少要留出 60cm 的距离。

3. 盥洗池的占地面积

安装一个盥洗池，并能方便地使用，所需要的空间大小一般为 90cm×105cm。这个尺寸适用于中等大小的盥洗池，并能容下另一个人在旁边洗漱。

4. 两个洗手洁具之间应该预留的距离

这个距离是指马桶和盥洗池之间，或者洁具和墙壁之间的距离，一般为 20cm。

5. 澡盆和马桶之间应该保持的距离

此距离一般为 60cm，这是人能从中间通过的最小距离。如果洗手间同时放置澡盆和马桶，其宽度应至少 180cm。

6. 要想在里侧墙边安装一个浴缸，洗手间应预留的宽度

此宽度一般为 180cm。这个距离对于传统浴缸来说是非常合适的。如果浴室比较窄的话，就要考虑安装小型的带座位的浴缸了。

7. 镜子安装的高度

此高度一般为 135cm。这个高度可以使镜子正对着人的脸。

8. 双人主卧室的标准面积

此面积一般为 12m²。在房间里除了床以外，还可以放一个双开门的衣柜（120cm×60cm）和两个床头柜。在一个 3m×4.5m 的房间里可以放更大一点的衣柜，或者选择小一点的双人床，再在梳妆台和写字台之间选择其一，还可以在放置衣柜的地方选择一个带更衣间的衣柜。

9. 如果把床放在角落里，需要预留的空间

此空间一般为 3.6m×3.6m。把床放在角落里是适合于较大卧室的布置方法，可以在床头侧面摆放一个储物柜。

10. 两张并排摆放的床之间应该预留的距离

此距离一般为 90cm。两张并排摆放的床之间，除了能放下两个床头柜，还应该能让人自由走动，方便清洁地板和整理床上用品。

11. 如果衣柜放在与床相对的墙边，它们之间应该预留的距离

此距离一般为 90cm。这个距离是为了留出方便打开柜门的空间。

12. 衣柜的高度

此高度一般为 240cm。这个高度考虑到了在衣柜里能放下长一些的衣物（160cm），并在上部留出了放换季衣物的空间（80cm）。

13. 交通空间

（1）楼梯间休息平台：净空等于或大于 210cm。
（2）楼梯跑道：净空等于或大于 230cm。
（3）楼梯扶手：高 85～110cm。
（4）门的常用尺寸：宽 85～100cm。
（5）窗的常用尺寸：宽 40～180cm（不包括组合式窗子）。
（6）窗台：高 80～120cm。

14. 灯具

（1）大吊灯：最小高度 240cm。
（2）壁灯：高 150～180cm。
（3）反光灯槽：最小直径等于或大于灯管直径的两倍。

（4）壁式床头灯：高 120～140cm。

（5）照明开关：高 130～150cm。

15. 办公家具

（1）办公桌。

长：120～160cm；宽：50～65cm；高：70～80cm。

（2）办公椅。

高：40～45cm；长 × 宽：45cm×45cm。

（3）沙发。

宽：60～80cm；高：35～40cm；靠背高：100cm。

（4）茶几。

前置型：90cm×40cm×40cm；中心型：90cm×90cm×40cm、70cm×70cm×40cm；左右型：60cm×40cm×40cm。

（5）书柜。

高：180cm；宽：120～150cm；深：45cm。

> **视频播放：** 具体介绍请观看配套视频"任务三：室内设计的其他尺寸.mp4"。

【任务三：室内设计的其他尺寸】

五、项目小结

本项目主要介绍了室内设计中各类家具的基本尺寸、常用尺寸和其他相关尺寸。要求重点掌握室内设计中常用家具的基本尺寸，并在设计过程中参考本项目或《室内设计资料集》等相关资料。

【项目 2：小结和拓展训练】

六、项目拓展训练

根据本项目的学习，请读者重点掌握室内设计中常用的沙发、餐桌、电视柜、酒柜、椅子、茶几等家具及其他物品的基本尺寸。

【项目 3：内容简介】

项目 3：家具布置的相关知识

一、项目内容简介

本项目主要介绍与家具布置相关的基础知识。

二、项目效果欣赏

理论基础知识，无效果图。

三、项目制作流程

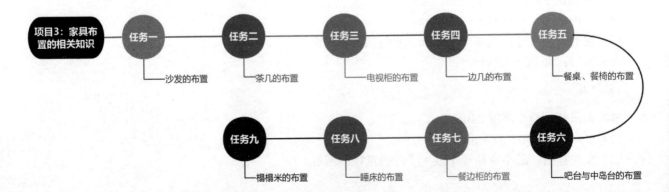

四、项目详细过程

项目引入：

（1）室内布置中主要包括哪些家具？

（2）家具与室内空间之间的比例关系。

（3）不同家具之间的距离。

任务一：沙发的布置

1. 沙发与背景墙面的比例关系

在进行室内布置时，合适的沙发尺寸能给人一种舒适的空间感。在选择沙发时需要注意以下几点。

（1）沙发的长度要超过墙面的 1/2，这样空间的整体比例才比较合适。例如：背景墙长 5m，就不适合布置 1.6m 长的双人沙发，否则整个空间就会显得空旷；也不宜布置接近 5m 长的多人沙发，这样会造成视觉上的压迫感，并影响居住者的行走路线。

（2）沙发的高度不要超过墙面高度的 1/2，太高或太低都会造成视觉不平衡。

（3）沙发两旁最好能各留出 50cm 的空间，以便放置边几或边柜。

2. 沙发布局与空间的尺寸关系

（1）面对面式沙发布局。当客厅中的沙发为面对面布置时，两个沙发之间的距离一般为 2.1～2.8m，沙发到茶几的距离一般为 30～45cm。

（2）沙发背向落地窗布局。如果客厅空间有限，通常可以借助阳台增加客厅的使用面积，在放置沙发时，将其背向落地窗，这时沙发与落地窗之间需留出至少 60cm 宽的过道，方便行走。

3. 沙发尺寸与客厅空间面积之间的关系

沙发面积一般占客厅的 25% 左右比较合适。沙发的大小、形态取决于户型大小和客厅面积。对于不同的客厅，沙发的选购也有所区别。常见的客厅面积大致分为如下 3 种。

（1）15m^2 以下的客厅。15m^2 以下的客厅一般为中小户型，在选购沙发时，建议不要选择整套沙发，简单的两人或三人沙发即可。如果客厅在 10m^2 左右时，选购双人沙发即可。

（2）15～30m^2 的客厅。15～30m^2 的客厅一般为中等户型，在选购沙发时，建议选择尺寸适中的沙发。选择"3+2""3+1"等组合沙发即可。

（3）30m^2 以上的客厅。30m^2 以上的客厅一般为别墅、复式或 300m^2 以上的住宅，在选购沙发时，建议选择转角沙发，这种沙发比较好摆放，也可以成套摆放，这样可以凸显空间的大气感，在形式上可以考虑"3+2+1"或"3+3+1+1"的组合。

视频播放： 具体介绍请观看配套视频"任务一：沙发的布置.mp4"。

【任务一：沙发的布置】

任务二：茶几的布置

茶几一般布置在沙发附近，与沙发相互呼应。茶几的功能非常多，如放置水杯、茶壶、茶具和各种电器的遥控器等。

1. 茶几尺寸与沙发之间的关系

茶几高度一般为 30cm～50cm，在选择茶几的时候一般要考虑沙发的布置，避免空间立面上的高差不平衡，考虑整体感。例如：若沙发座椅高度为 35cm，则茶几的高度一般为 30cm；若沙发座椅高度为 40cm，则茶几的高度一般为 40cm。

2. 茶几的合理布置

在摆放茶几时需要注意动线的流畅，一般情况下，茶几与主墙之间要留出 90cm 的过道，与主沙发之间要留出 30～45cm 的距离（建议留出 45cm 的距离较为合理）。

视频播放：具体介绍请观看配套视频"任务二：茶几的布置.mp4"。

【任务二：茶几的布置】

任务三：电视柜的布置

电视柜在现代家居布置中是不可少的家具，功能也趋向于多元化，集电视机、机顶盒、DV、音响设备的收纳和装饰等于一身。

1. 客厅电视柜尺寸

客厅电视柜的宽度一般要比电视的宽度宽 2/3，这样才能营造出比较舒适的视觉感。现在的电视多是超薄的和壁挂式的，所以电视柜的深度一般在 35～50cm 即可。电视柜的高度一般要满足人坐沙发上的视线高度与电视机的中心点高度处于同一水平位置，通常为 40～60cm。如果选择超大屏电视，电视机的中心点高度不宜超过 70cm，否则就会造成仰视的效果。

2. 卧室电视柜尺寸

卧室电视柜的尺寸一般需要根据空间大小而定，例如：$12m^2$ 左右的卧室，墙面长度为 3～4m，则电视柜的面积为 1.2～$1.5m^2$ 比较合适，否则就会使空间产生拥挤感。卧室电视柜的高度要比客厅电视柜高，一般为 45～55cm。

3. 定制电视柜尺寸

定制电视柜已成为当前室内装饰的发展趋势，定制的电视柜除了可以摆放电视，还能为居住者提供收纳空间。由于收纳物品的尺寸大小不一，所以在设计电视柜时，需要考虑收纳物品的最大尺寸。

（1）放置视听设备的收纳柜的规格尺寸。大部分视听设备的机体存在散热与管线问题，所以收纳柜要做得相对深一点，一般为 40～50cm；高度需要根据设备而定，一般情况下以 20cm 为准，建议做成活动式层板，方便以后更换设备。

（2）充分考虑老人或低幼龄儿童等人群。存放视听设备的收纳柜最好设计在离地面 1m 以上的位置，这样可以避免老人蹲下操作设备，防止小孩因为好奇而误操作设备。

（3）电视柜与沙发之间的距离。电视机与观看者之间的距离太近或太远都容易造成视觉疲劳，只有适当的视听距离才能获得良好的视听效果。视听距离一般要根据电视机的屏幕尺寸而定，通常电视机屏幕的尺寸（英寸）乘以 2.54，可以得到电视机的对角线长度，而对角线长度的 3～5 倍是最合适的视听距离。

（4）电视柜前需要预留的距离。

① 电视柜前的取物距离。在设计具有存储功能的电视柜时，需要留出适当的距离方便拿取物品。一般情况下，蹲下取物的距离为 50cm，站立取物的距离为 70cm，半蹲取物的距离为 80cm。

② 电视柜与茶几之间的距离。电视柜与茶几之间的距离要保证单人能轻松走动，一般为 75～120cm 比较合理。

视频播放：具体介绍请观看配套视频"任务三：电视柜的布置.mp4"。

【任务三：电视柜的布置】

任务四：边几的布置

边几的主要作用是放置常用的生活用品和装饰品。它的摆放位置比较灵活，一般放置在沙发的两侧或两个单人椅之间，也可以作为床头柜使用。

1. 边几的尺寸

如果只是摆放装饰品，边几的长度和宽度均可为 50cm，如果要摆放更多的日常用品，可以将宽度延长至 70cm 左右。

2. 边几高度与沙发高度之间的关系

边几的高度原则上不能超过沙发的高度，一般为沙发高度的 2/3 比较合适，也最好不要低于沙发或椅子扶手 5cm，可以与沙发等高，方便放置日常用品。一般情况下，边几高度为 70cm 左右。

视频播放：具体介绍请观看配套视频"任务四：边几的布置.mp4"。

【任务四：边几的布置】

任务五：餐桌、餐椅的布置

餐桌、餐椅的主要功能是摆放餐具和食物供人用餐。现代室内设计中也将装饰作用考虑在内。在布置餐桌、餐椅时需要考虑以下几点。

1. 餐桌、餐椅的高度与人体工程学

餐桌、餐椅太高或太低，人在用餐时会感到不适。一般来说，合适的餐桌高度为 71～80cm，餐桌高度一般高于餐椅椅面 27～30cm。

2. 餐桌、餐椅的合理布局

餐桌与餐厅的空间比例要适中，一般情况下，餐桌大小不要超过餐厅的 1/3，要留出足够的活动空间。

（1）餐桌、餐椅需要留出的空间。一般情况下，餐椅摆放需要留出 50cm 的空间，而用餐者站起和坐下时需要 30cm 的空间。因此，为了满足用餐的需求和方便用餐者的活动，餐桌周围应该留出至少 80cm 的间距。这个距离包括餐椅拉出的空间，并且方便用餐者活动。合理的餐桌和餐椅布局，可以营造出舒适宜人的用餐环境。

（2）餐桌与墙面的空间。如果要保证用餐的空间大小，餐桌与墙面之间除了要保留椅子拉开的空间，还要留出过道空间，也就是在原有的 80cm 的基础上再加上 60cm，也就是说，餐桌与墙面之间的距离要预留 110～140cm。

视频播放：具体介绍请观看配套视频"任务五：餐桌、餐椅的布置.mp4"。

【任务五：餐桌、餐椅的布置】

任务六：吧台和中岛台的布置

吧台和中岛台在中小户型的布置中比较多见。它们具备正式餐桌的功能，同时也可以起到延伸和划分厨房空间的作用。

1. 吧台和中岛台的尺寸

（1）吧台。
① 台面深度一般为 40～60cm。
② 台面高度一般为 90～115cm。
（2）中岛台。
① 台面高度一般为 80～90cm。
② 台面宽度可以根据实际情况而定。

2. 吧台椅的尺寸

吧台椅高度要根据台面高度而定，从人体工程学的角度来说，一般情况下其高度为 60～85cm 比较合适，也可以遵循"比台面低 30cm"的原则。

视频播放： 具体介绍请观看配套视频"任务六：吧台与中岛台的布置.mp4"。

【任务六：吧台与中岛台的布置】

任务七：餐边柜的布置

餐边柜不仅具有收纳功能，在整个家具布局中还起到装饰的作用，在选择餐边柜时要考虑与餐桌的材质和颜色相匹配。

1. 餐边柜的尺寸

餐边柜一般分成品餐边柜、展示餐边柜、高柜和定制餐边柜。

（1）成品餐边柜的尺寸。

成品餐边柜的高度一般为 80cm，深度为 40～60cm，宽度需要根据款式而定，不同款式的宽度有所不同。单门的餐边柜宽度一般为 45cm，双开门的餐边柜宽度一般为 60～90cm。

（2）展示餐边柜的尺寸。

展示餐边柜一般分上下两部分，上柜为视觉聚焦区，主要用来放置装饰品；下柜主要用来收纳日常用品，内部层板间隔一般为 15～45cm（该尺寸取决于收纳物品的大小）。

（3）高柜和定制餐边柜的尺寸。

对于空间较大的餐厅建议放置高 2m 左右的高柜，也可以延伸到天花板，这样不仅具有整体美观性，还具备很好的收纳功能。

2. 餐边柜与餐桌之间的距离

餐边柜有平行式摆放和"T"形摆放两种摆放方式。

（1）平行式摆放。

餐边柜与餐桌平行摆放是比较常用的摆放方式，这种摆放方式主要考虑在餐边柜与餐桌之间拿取物品的便捷性。为了确保足够的拿取物品和通行的空间，建议在餐边柜与餐桌之间留出 80cm 以上的距离。

（2）"T"形摆放。

"T"形摆放是指餐桌与餐边柜分别横向和纵向摆放，使得餐桌与餐边柜连在一起。这种摆放方式能够产生强烈的整体感，同时也方便取放物品。具体尺寸可根据实际情况进行定制设计。

视频播放： 具体介绍请观看配套视频"任务七：餐边柜的布置.mp4"。

任务八：睡床的布置

【任务七：餐边柜的布置】

睡床是卧室布置中的主要家具，也是使用最频繁的家具之一。好的睡床可以提供良好的睡眠环境，有益于身体健康。

1. 睡床尺寸与空间布置

1.2m 宽的睡床适用于儿童房，1.5m 宽的睡床适用于次卧，1.8m 宽的睡床适用于空间比较大的卧室，通常用于主卧；2m 宽的睡床适用于更大面积的主卧。

2. 睡床布置的注意事项

（1）主卧、客卧和老人房。

在布置主卧、客卧和老人房睡床时，一定要留足行走空间，需要注意以下几点。

① 床头两侧至少有一侧离墙要有 60cm 以上的宽度，方便从侧面上下床，也方便摆放床头柜。

② 如果床尾一侧放置了衣柜，床尾和衣柜之间要留有 90cm 以上的过道。

③ 睡床最好不要将一侧靠墙摆放，尤其是主卧和老人房。如果将双人床一侧紧靠墙壁布置，睡在里侧的人上下床就会十分不便。

（2）儿童房。

在布置儿童房睡床时，需要注意以下几点。

① 儿童房中摆放单人床，建议一侧靠墙，这样可以节省空间，留出更多的儿童活动空间。

② 如果需要放置两张儿童床，两床之间一定要留出 50cm 以上的活动空间。也可以放置上下儿童床以节省空间。

视频播放： 具体介绍请观看配套视频"任务八：睡床的布置.mp4"。

【任务八：睡床
的布置】

任务九：榻榻米的布置

对于现在小户型的儿童房，设计成榻榻米非常流行，也是现代室内设计的一种方式。

1. 榻榻米的常规尺寸

（1）榻榻米的尺寸与比例。

① 长度一般为 170cm～200cm。

② 宽度一般为 80cm～96cm。

③ 高度一般为 25cm～50cm。

④ 榻榻米的长度与宽度之比一般为 2 ： 1。

（2）不同形态的榻榻米高度。

① 没有升降桌的地台高度一般为 15cm～20cm。

② 有升降桌的地台高度一般为 35cm～40cm。

2. 榻榻米高度与空间之间的关系

在设计榻榻米的高度时，需要考虑室内层高以及储物空间的高度。如果室内层高达到 3m 或以上，可以将榻榻米的高度设计成 40cm 或更高。如果层高比较矮，榻榻米的高度可以适当降低。

在设计榻榻米的时候，可以参考以下 3 点。

（1）高度为 30cm 的榻榻米，适合在侧面做抽屉。

（2）高度为 25cm 的榻榻米，适合在上面加床垫或作为儿童娱乐的空间。

（3）高度为 40cm 以上的榻榻米，可以考虑做上翻门式柜体。

视频播放： 具体介绍请观看配套视频"任务九：榻榻米的布置.mp4"。

【任务九：榻榻
米的布置】

五、项目小结

本项目主要介绍了沙发、茶几、电视柜、边几、餐桌、吧台与中岛台、餐边柜、睡床、榻榻米的布置。要求重点掌握各种家具布置的基本原则。

六、项目拓展训练

根据所学知识，通过各种渠道收集有关家具布局的最新理念和发展趋势。

【项目 3：小结
和拓展训练】

项目 4：室内灯具的相关知识

一、项目内容简介

本项目主要介绍室内灯具的相关知识。

二、项目效果欣赏

理论基础知识，无效果图。

【项目 4：内容
简介】

三、项目制作流程

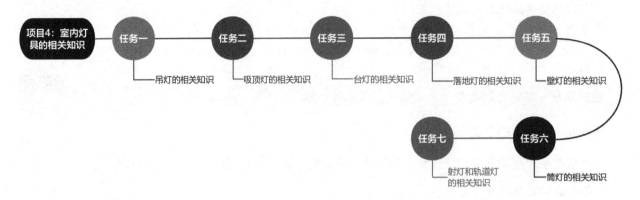

四、项目详细过程

项目引入：

（1）室内灯具的作用。

（2）室内灯具的尺寸。

（3）室内灯具的基本参数。

（4）室内灯具安装的注意事项。

（5）灯具与室内空间的关系。

在室内空间中，灯具不仅具有照明的功能，还具有装饰作用，造型各异的灯具可以营造出不同的室内环境，合理的灯光布局可以营造舒适的气氛，增强空间感。

任务一：吊灯的相关知识

吊灯除了照明的主要功能之外，还有装饰功能，特别适合用作主灯，能够提供整体照明。

1. 吊灯的一般尺寸

吊灯主要分单头吊灯、双层吊灯和艺术吊灯。不同吊灯的尺寸有所不同，高度需根据室内空间而定。

（1）单头吊灯的直径一般为 15～40cm。

（2）双层吊灯的直径一般为 70～120cm。

（3）艺术吊灯的直径一般为 65～150cm。

2. 吊灯与层高

如果层高超过 3m，建议选择大型且款式比较华丽的全吊灯，如果层高为 2.7～3m，建议选择半吊灯。

3. 吊灯的安装高度

在大多数情况下，单头吊灯的最佳安装高度是离地面 2.2m，而多头吊灯的高度不应低于 2.2m。在安装吊灯时，要考虑安全性，由于吊灯的重量较大，建议将其固定在楼板上。

4. 不同空间的吊灯安装

（1）挑高门厅吊灯的安装。

挑高门厅适合安装水晶吊灯。如果门厅有两层楼高，水晶吊灯的安装高度不应低于第二层楼，如果第二层楼有窗户，水晶吊灯的高度应到窗户中央的位置。

（2）客厅吊灯的安装。

在安装客厅吊灯的时候，吊灯底部到地面的距离为 2m 左右。吊灯的尺寸需要根据客厅大小而定，过大或过小都会影响客厅整体装饰的协调性，可以按如下建议选择吊灯的尺寸。

① 面积为 10～15m² 的客厅，建议安装直径为 60cm 左右的吊灯。

② 面积为 15～20m² 的客厅，建议安装直径为 70cm 左右的吊灯。

③ 面积为 20～30m² 的客厅，建议安装直径为 80cm 左右的吊灯。

④ 面积大于 30m² 的客厅，建议安装直径为 100cm 左右的吊灯。

（3）餐厅吊灯的安装。

在选择餐厅吊灯的时候，可以选择下罩式、多头型、组合型的吊灯，吊灯的造型一定要符合餐厅的整体装饰风格。

① 餐厅吊灯的安装距离。餐厅吊灯的高度不宜太高，一般最低点到地面的距离为 1.5～1.6m。若餐桌高 75cm，吊灯的最低点与餐桌表面之间的距离为 75～85cm 为宜。过高会造成空间的单调，产生空旷感，过低会使空间产生压迫感。

② 餐厅吊灯尺寸与餐桌尺寸。1.4m 或 1.6m 长的餐桌建议搭配直径 60cm 左右的吊灯。1.8m 长的餐桌建议搭配直径 80cm 左右的吊灯。

提示： 单盏中等尺寸的吊灯适合 2～4 人的餐厅，明暗区分相当明显。如果比较重视照明强度或餐桌比较大，也可以多加 1～2 盏吊灯，但吊灯的尺寸要适当缩小。

（4）卧室吊灯的安装。

① 卧室中主吊灯的安装高度一般为 1.8～2.2m。

② 床头吊灯的安装高度一般为 1.5～1.6m。

视频播放： 具体介绍请观看配套视频"任务一：吊灯的相关知识.mp4"。

【任务一：吊灯的相关知识】

任务二：吸顶灯的相关知识

吸顶灯款式简洁，给人以清朗、明快的感觉。它可以完全贴合在顶面上，比较适合层高较低的空间使用，照明亮度也比较充足，可以作为空间的主光源。

在安装吸顶灯的时候需要注意以下几点。

1. 吸顶灯的常规尺寸

吸顶灯主要有圆形、长方形和正方形 3 种规格。不同规格的吸顶灯有不同的大小和功率，在选择吸顶灯的时候需要根据空间大小而定。

（1）圆形吸顶灯的直径、功率与空间大小的关系。

① 直径 21cm，功率 15W，比较适合 3～5m² 的空间。

② 直径 21cm，功率 24W，比较适合 8～12m² 的空间。

③ 直径 26cm，功率 15W，比较适合 5～8m² 的空间。

④ 直径 26cm，功率 24W，比较适合 10～15m² 的空间。

⑤ 直径 35cm，功率 18W，比较适合 8～15m² 的空间。

⑥ 直径 35cm，功率 24W，比较适合 10～15m² 的空间。

⑦ 直径 35cm，功率 36W，比较适合 12～18m² 的空间。

⑧ 直径 35cm，功率 48W，比较适合 15～20m² 的空间。

⑨ 直径 40cm，功率 36W，比较适合 15～20m² 的空间。

⑩ 直径 40cm，功率 48W，比较适合 18～22m² 的空间。

⑪ 直径 50cm，功率 36W，比较适合 18～22m² 的空间。

⑫ 直径 50cm，功率 72W，比较适合 20～25m² 的空间。

⑬ 直径 60cm，功率 120W，比较适合 30m² 的空间。

（2）长方形吸顶灯的尺寸与空间大小的关系。

长方形吸顶灯主要有以下两种规格。

① 尺寸为 65cm×48cm 的吸顶灯，一般适合 15～20m² 的空间。

② 尺寸为 90cm×65cm 的吸顶灯，一般适合 20～30m² 的空间。

（3）正方形吸顶灯。

正方形吸顶灯主要有以下 4 种规格。

① 40cm×40cm。

② 56cm×56cm。

③ 60cm×60cm。

④ 80cm×80cm。

2. 吸顶灯与层高

如果室内层高在 2.7m 以下，建议选择吸顶灯，而不是造型华丽的吊灯。这是因为光源距离地面 2.3m 左右时，照明效果最佳。

3. 不同空间的吸顶灯选择

（1）客厅吸顶灯的选择。

① 12m² 左右的客厅可以选择直径 20cm 以下的圆形吸顶灯。

② 15～20m² 的客厅可以选择直径 30cm 的圆形吸顶灯，直径不要超过 40cm，因为过大的圆形吸顶灯与整个客厅不协调。另外，也可以选择 65cm×48cm 的长方形吸顶灯或 40cm×40cm 的正方形吸顶灯。

③ 21～30m² 的客厅可以选择直径为 50cm 或 60cm 的圆形吸顶灯，也可以选择 90cm×60cm 的长方形吸顶灯，还可以选择 56cm×56cm 或 60cm×60cm 的正方形吸顶灯。

（2）卧室吸顶灯的选择。

① 10m² 以下的卧室可以选择直径 26cm、功率 22W 以下的圆形吸顶灯。

② 10～20m² 的卧室可以选择直径 32cm、功率 32W 的圆形吸顶灯。

③ 20～30m² 的卧室可以选择直径 38～42cm、功率 40W 的圆形吸顶灯，也可以选择 90cm×60cm 的长方形吸顶灯，还可以选择 56cm×56cm 或 60cm×60cm 的正方形吸顶灯。

④ 大于 30m² 的卧室可以选择直径 70～80cm 的双光源吸顶灯。

（3）厨房吸顶灯的选择。

厨房的主光源可以使用白色光源的吸顶灯，同时可以在料理台和水槽上方增加焦点光，以防止操作台较暗。

厨房一般安装直径为 29cm 的圆形吸顶灯比较好。因为，中国大多数家庭的厨房面积不会超过 15～25m²，而直径为 29cm 的圆形吸顶灯比较适用于 15～25m² 的厨房。

（4）卫生间吸顶灯的选择。

卫生间一般选择直径为 20cm 的圆形吸顶灯或 20cm×20cm 的正方形 LED 吸顶灯。如果卫生间比较大，可以在卫生间的镜子上安装镜灯或射灯。

卫生间吸顶灯的尺寸也可以根据所选扣板的尺寸而定。

视频播放： 具体介绍请观看配套视频"任务二：吸顶灯的相关知识.mp4"。

【任务二：吸顶灯的相关知识】

任务三：台灯的相关知识

台灯通常作为辅助照明来使用，摆放在桌子或几案上。它是除主光灯之外使用频率较高的一种灯具。台灯一般分为功能性台灯和装饰性台灯两种类型。人们对功能性台灯的要求比较高，而对于装饰性台灯来说，只需满足安全、健康和环保要求即可。

1. 台灯的尺寸

（1）功能性台灯。

① 功能性台灯一般为读写使用，属于小型台灯。

② 圆形读写灯的灯罩直径为 20～35cm，总高度为 25～40cm。

③ 读写台灯的色温不要超过 4000k。因为蓝光会抑制人体褪黑素的分泌而影响睡眠。建议不要在晚上长时间使用高色温的 LED 灯工作。

（2）装饰性台灯。

装饰性台灯的灯罩直径一般为 20～25cm，总高度一般为 43～56cm。

（3）台灯电源线的外露长度。

为了方便移动台灯，建议电源线的外露长度不小于 1.8m。

2. 书房台灯的相关知识

（1）书房台灯的高度。

书房台灯与人的坐姿、桌面的高度和人的视觉、生理特征息息相关。这些因素决定了台灯的高度和移动范围等，建议书房台灯的高度为 40～55cm。

（2）书房台灯的防眩光要求。

书房台灯的灯罩要调整到合适的位置，通常人眼距离桌面的距离大致为 40cm，离光源水平距离大致为 60cm。灯罩下沿要与人眼齐平或位于人眼下方，不能让光线直射人眼。

（3）书房台灯的光照要求。

① 遮光性要求：人处于正常坐姿的情况下，眼睛向水平方向看，应看不到灯罩的内壁和光源，不能让光线直射到眼睛。

② 照度要求：在台灯照射的区域内，照度应大于或等于 250lx，最低照度应大于或等于 120lx。另外，照度应相对均匀，不能产生特别亮或特别暗的光斑，还要确保照明稳定、不闪烁。

视频播放： 具体介绍请观看配套视频"任务三：台灯的相关知识.mp4"。

【任务三：台灯的相关知识】

任务四：落地灯的相关知识

落地灯属于家居中的辅助性照明灯具，一般放置在客厅、卧室或书房中。它主要摆放在沙发、床等家具的一侧，用来满足小区域的照明需要并营造空间氛围。

1. 落地灯的类型

落地灯主要分大型落地灯、中型落地灯和小型落地灯。

（1）大型落地灯。

① 高度一般为 1.52～1.85m。

② 灯罩直径一般为 40～50cm。

③ 比较适合放置在客厅的沙发旁，作为辅助灯具使用。

（2）中型落地灯。

① 高度一般为 1.4～1.7m。

② 灯罩直径一般为 30～45cm。

③ 比较适合放置在室内的阅读角落。

（3）小型落地灯。

① 高度一般为 1.08～1.4m 或 1.38～1.52m。

② 灯罩直径一般为 25～45cm。

③ 比较适合放置在书房和卧室。

2. 落地灯尺寸的选择

落地灯尺寸的选择需要考虑灯架高度和灯罩高度，应重点考虑其与整个空间环境的协调统一。例如，如果空间吊顶高度在 2.4m 以上，可以选择 1.7～1.8m 高的落地灯。

视频播放：具体介绍请观看配套视频"任务四：落地灯的相关知识.mp4"。

【任务四：落地灯的相关知识】

任务五：壁灯的相关知识

壁灯的主要功能是辅助照明和装饰空间，如果空间面积比较小，不建议装壁灯，否则会显得整个空间凌乱。如果空间比较大，安装壁灯可以增加空间的层次感。

客厅、餐厅、过道和卧室等空间都可以安装壁灯。在选择壁灯时，应了解如下基础知识。

1. 壁灯的尺寸和光源指数

壁灯主要分大型壁灯和小型壁灯。

（1）大型壁灯。

① 高度一般为 45～80cm。

② 直径一般为 15～25cm。

（2）小型壁灯。

① 高度一般为 27.5～45cm。

② 直径一般为 11～13cm。

（3）壁灯的光源指数。

一般来说，选择光线柔和且功率大于 60W 的壁灯效果更好。

2. 壁灯的安装高度

壁灯一般距离工作面 144～185cm，距离地面 224～265cm。

3. 壁灯尺寸的选择

在选择壁灯尺寸时，需要根据空间大小而定，使壁灯与空间环境相协调。小空间建议安装单头壁灯或较小的壁灯；大空间建议安装双头壁灯或多头壁灯。

（1）10m² 的空间：一般选择高度 25cm、宽度不超过 17cm、灯罩直径为 9cm 的小型壁灯。

（2）15m² 的空间：一般选择高度 30cm、宽度不超过 17cm、灯罩直径为 11.5cm 的壁灯。

4. 不同空间的壁灯安装

（1）客厅壁灯的安装。

客厅壁灯的安装一般要超过地面高度 1.8m。壁灯的安装高度还与壁灯的尺寸有关，尺寸越大的壁灯，光照范围就越广，因此需要适当调整安装高度。

（2）卧室壁灯的安装。

卧室壁灯的尺寸要相对小一些，常用的灯罩尺寸为 18cm×16cm，灯体尺寸为 30cm×42cm，壁灯底盘直径为 16cm。考虑到合理的光照效果，壁灯的安装高度为距离地面 1.4～1.7m 比较合适。床头壁灯挑出墙面的距离一般为 9.5～40cm。

（3）书房壁灯的安装。

书房壁灯的安装高度一般距离桌面 1.4～1.8m，距离地面 2.2～2.65m。

（4）卫生间壁灯的安装。

卫生间壁灯的安装高度一般距离地面 1.14～1.85m。还要考虑全家人的平均身高，一般安装在高于平均身高 20cm 的位置，即略高于平均身高即可。

（5）过道壁灯的安装。

过道壁灯的安装要超过视平线，即距离地面 2.2～2.6m。提高过道壁灯高度，可以增大光照范围。过道壁灯的安装高度还要考虑壁灯尺寸。

视频播放：具体介绍请观看配套视频"任务五：壁灯的相关知识.mp4"。

【任务五：壁灯的相关知识】

任务六：筒灯的相关知识

筒灯是一种嵌入吊顶内的光线下射式的照明灯具，可以作为辅助照明，也可以用"满天星"式的布置方式替代主光灯照明。筒灯的主要特点是营造室内空间的整体感。

1. 筒灯的功率和光束角

（1）筒灯的功率。筒灯的功率很小，目前多采用节能灯泡，一般为 8～25W。灯泡的实际功率要根据空间的大小而定。

（2）筒灯的光束角。筒灯的光束角一般为 120°左右，普遍使用亚克力面罩，可以得到均匀的光照，光线柔和不刺眼。

2. 筒灯在吊顶中的排列距离

（1）筒灯之间的距离。如果以筒灯作为主光源，吊顶上筒灯之间的距离要适当缩小，一般为 1～2m，以保证空间的亮度充足；如果作为辅助照明，筒灯之间的距离可以适当加大，具体的距离要根据空间大小和层高来确定。

（2）筒灯到墙壁的距离。筒灯到墙壁的距离也有一定要求，筒灯在照明时会产生热量，如果离墙壁过近，很容易将墙壁烤黄。筒灯安装距离由走边宽度而定，如果走边宽度为 30cm，筒灯中心则距离墙壁为 15cm；如果走边宽度为 40cm，筒灯中心则距离墙壁为 20cm。

3. 厨房中筒灯的安装数量

（1）面积为 10m² 左右的开放式厨房。为保证空间的亮度，需要安装 9 个筒灯，可以在吊顶四周环绕安装 8 个筒灯，中间安装一个筒灯，每个筒灯的功率不必太高，还要安装可以调节亮度的开关。

（2）面积为 6～7m² 的厨房。安装 6 个筒灯即可，一般采用"2 横 3 竖"的排布方式。油烟机上面一般设有 25～45W 的照明灯，这样的排布方式可以使灶台上方的照度得到很大幅度的提高。

此外，开放式厨房的橱柜也可以安装筒灯，可采用嵌入式筒灯的形式，数量为 6～10 个不等，且尽量偏暖光。

4. 不同空间的筒灯色温

（1）玄关：一般采用 3300K 的色温。
（2）客厅：一般采用 3000K 的色温。
（3）餐厅：一般采用 3000K 的色温。
（4）卧室：一般采用 2800K 的色温。
（5）厨房：一般采用中间色调的光源，不宜太暖，也不宜太冷。
（6）卫生间：一般采用 3000～5000K 的色温（暖白光）。

视频播放：具体介绍请观看配套视频"任务六：筒灯的相关知识.mp4"。

【任务六：筒灯的相关知识】

任务七：射灯和轨道灯的相关知识

1. 射灯

射灯一般安装在吊顶四周或家具上部，也可以安装在墙内、墙裙和踢脚线里。

将射灯的光线直接照射到需要强调的区域，可以达到突出重点、丰富层次的艺术效果。

（1）射灯的光束角。射灯的光束角一般不超过65°，如12°、24°、36°，主要用于局部照明和集中照明等。

（2）射灯的布置。在吊顶上每隔约100cm布置一个射灯，且射灯距离墙面距离约为30cm，可以产生一层一层的光晕，这种明暗层面渐变的分布，能够产生洗墙效果。

2. 轨道灯

轨道灯是安装在类似轨道上面的一种灯，可以随意调节灯光的角度，一般作为射灯使用，放在需要重点照明的地方。

> **视频播放：** 具体介绍请观看配套视频"任务七：射灯和轨道灯的相关知识.mp4"。

【任务七：射灯和轨道灯的相关知识】

五、项目小结

本项目主要介绍了吊灯、吸顶灯、台灯、落地灯、壁灯、筒灯、射灯和轨道灯的相关知识。要求重点掌握灯具选择和安装的相关知识。

六、项目拓展训练

根据所学知识，给一户型为两室一厅一厨一卫，面积为105m²的居室布置灯光，并撰写灯光布置方案和设计理念。

【项目4：小结和拓展训练】

项目5：室内效果表现的基本美学知识

一、项目内容简介

本项目主要介绍室内效果表现的基本美学知识。

【项目5：内容简介】

二、项目效果欣赏

三、项目制作流程

四、项目详细过程

项目引入：

（1）制作室内效果图需要了解哪些色彩知识？

（2）室内效果表现的基本构图需要注意哪些方面？

（3）室内效果表现中灯光的主要作用是什么？

任务一：了解室内效果表现色彩的基础知识

人类在长期的生活实践中积累了不同的生活感受和心理感受，对不同的色彩会产生不同的联想。例如，太阳、火焰是红色的，红色给人温暖、热烈、刺激的心理感觉；春天的田野、生机勃勃的植物呈现为绿色，绿色使人心中充满生机，感到宁静、平和、悠然；天空、大海是蓝色的，能给人辽阔、深远、寒冷、神秘、梦幻般的感觉；云朵、冰雪、月光和白色的物体让人感到光明、纯真、圣洁、明朗；黑色往往与黑暗、深洞、枯井相联系，让人感到沉闷、压抑、严肃、不祥、恐怖等。同时，色彩还有暖色和冷色之分。暖色给人视觉上的刺激力强，具有扩张感，而冷色给人视觉上的刺激力弱，具有收缩感。

不同的颜色会使人产生不同的视觉感受和心理感受，因此，室内效果图的色彩一定要符合人们的审美观。在确定室内效果图的色彩时，除了遵守一般的色彩规律外，还应考虑地域、民族等因素。

一般情况下，家庭室内效果图多采用暖色调，而大型的公共场所空间多采用冷色调。不同色调的空间效果如图 1.4 所示。

图 1.4　不同色调的空间效果

1. 不同室内空间的色彩

（1）客厅。

客厅是家庭中的主要活动空间，色彩以中性色为主，强调明快、活泼、自然，整体上要给人一种舒适的感觉，不宜用太强烈的色彩。

（2）卧室。

卧室色彩最好偏暖色调、柔和一些，这样有利于休息。

（3）书房。

书房多强调雅致、庄重、和谐的格调，可以选用灰、褐绿、浅蓝、浅绿等颜色，同时点缀少量字画，渲染书香气氛。

（4）餐厅。

餐厅可以采用暖色调，如乳黄、柠檬黄、淡绿等。

（5）卫生间。

卫生间色调以素雅、整洁为宜，如白色、浅绿色，使之有洁净之感。

（6）厨房。

厨房以明亮、洁净的颜色为主色调，可以用淡绿、浅蓝、白色等颜色。

现代中式风格的室内空间效果如图 1.5 所示。

图 1.5　现代中式风格的室内空间效果

注意： 上面所提供的建议只是一个参考，应用到具体的设计中时，应考虑实际情况。

2. 确定室内空间色彩的基本步骤

步骤 1：先确定地面的颜色，然后以此作为定调的标准。

步骤 2：根据地面的颜色确定顶面的颜色，通常顶面的颜色明度较高，与地面呈对比关系。

步骤 3：确定墙面的颜色。墙面是顶面与地面的过渡，常采用中性的灰色调，同时还要考虑它与家具颜色的协调性。

步骤 4：确定家具的颜色。家具的颜色无论在明度、饱和度还是色相上都要与整体形成统一。

视频播放： 具体介绍请观看配套视频"任务一：了解室内效果表现色彩的基础知识.mp4"。

【任务一：了解室内效果表现色彩的基础知识】

任务二：了解室内效果表现的基本构图

构图是一种很重要的艺术表现语言，需要长时间的积累，在室内效果图设计中也很重要。感兴趣的读者可以看一些关于构图方面的专业书籍。本书仅从室内效果图设计的平衡、统一、比例 3 个方面作简单介绍。

1. 平衡

所谓平衡，是指空间构图中各元素的视觉分量给人以稳定的感觉。不同的形态、色彩、质感在视觉和心理上会产生不同的分量感，只有不偏不倚的稳定状态，才能产生平衡、庄重、肃穆的美感。

平衡分为对称平衡和非对称平衡。对称平衡是指画面中心两侧或四周的元素具有相等的视觉分量，给人以安全、稳定、庄严的感觉；非对称平衡是指画面中心两侧或四周元素比例不等，但是利用视觉规律，通过大小、形状、远近、色彩等因素来调节构图元素的视觉分量，从而达到一种平衡状态，给人以新颖、活泼、运动的感觉。

2. 统一

统一是设计中的重要原则之一，制作室内效果图也是如此，一定要使画面拥有统一的思想与风格，把所涉及的构图元素运用艺术表现手法创造出协调统一的感觉。这里所说的统一，是指构图元素的统一、色彩的统一、思想的统一、氛围的统一等多方面。统一不是单调，在强调统一的同时，切忌将作品推向单调，应体现既不单调又不混乱，既有变化又协调的整体艺术效果。

3. 比例

在室内效果图设计中，比例是一个很重要的问题，它主要包括两个方面：一是造型比例，二是构图比例。

对于效果图中的各种造型，不论其形状如何，都存在长、宽、高 3 个方面的度量。这 3 个方面的度量比例一定要合理，才会给人以美感。例如，绘制别墅效果图，其中长、宽、高就是一个比例问题，只有比例设置合理，效果图看起来才逼真，这是每位设计者都能体会得到的。实际上，在设计领域中有一个非常实用的比例关系，黄金分割比——1∶1.618，这对人们设计建筑效果图有一定的指导意义。当然，在设计过程中应根据实际情况作相应的处理。

当设计的模型具备了比例和谐的造型后，将它放在一个环境中时，需要强调构图比例。理想的构图比例有 2∶3、3∶4、4∶5 等，这不是绝对的，只是提供一个参考。对于室内效果图来说，建筑主体与环境设施、人物、树木等要保持合理的比例，整体空间与局部空间比例要合理，家具、日用品、灯具等的比例要与房间比例协调。

> **视频播放：** 具体介绍请观看配套视频"任务二：了解室内效果表现的基本构图.mp4"。

【任务二：了解室内效果表现的基本构图】

任务三：了解室内效果表现中灯光的基础知识

灯光是表现效果图最关键的因素之一，无论是表现夜景还是日景，都要把握好光线。在设置灯光时要注意避免出现大块的光斑，也要避免出现大块的不合理的阴影，还要注意光的表现效果。在进行布光时，切忌整个空间只设置一盏灯，使空间变得非常直白，而应该根据设计要求布置灯光，让画面呈现出层次感。

光与影是密不可分的，在表现室内效果图时对影子的处理应注意 3 个方面：第一，在一般的环境中不存在纯黑色阴影；第二，影子的边缘应该进行模糊处理；第三，如果室内至少有一个光源，影子的方向是不一致的。

在设计过程中要注意，不同颜色的灯光照射到物体上会产生不同的色彩效果，会直接影响人们对该物体的色彩感觉。例如，一个红色的物体在红色的灯光照射下，红色更为突出；相反，若一个红色物体在蓝色灯光的照射下，颜色则显得沉闷黑暗。因此，对于室内环境设计来说，墙面、天花板和地板的色彩必须与灯光合理搭配，因为它们在不同颜色的灯光下会产生不同的色彩效果，受灯光的影响很大。

一般情况下，浅色（如白、米白等）有助于反射光线，深色（如黑色、深蓝色等）会吸收光线。因此，在设计室内效果图时，如果墙面设计成深色，应使用更多的灯光来弥补光线亮度不足的问题；相反，如果墙面设计成浅色，所需要的辅助灯光可以相对减少。

灯光不仅能提供照明，还是营造特殊光影效果的重要手段。在设计过程中还要注意：灯光过分明亮会使空间变得平淡，失去层次感，因此要控制好光线。

不同灯光的布置效果如图 1.6 所示。

图 1.6　不同灯光的布置效果

> **视频播放：** 具体介绍请观看配套视频"任务三：了解室内效果表现中灯光的基础知识.mp4"。

【任务三：了解室内效果表现中灯光的基础知识】

五、项目小结

本项目主要介绍了室内效果表现中色彩、构图和灯光的基础知识。要求重点掌握色彩、构图和灯光的基础知识及在室内效果表现中的重要作用。

【项目5：小结
和拓展训练】

六、项目拓展训练

收集室内效果表现图，分析它们的色彩、构图和灯光表现效果。

项目 6：3ds Max 2024 基础知识

一、项目内容简介

本项目主要介绍 3ds Max 2024 室内效果表现的基础知识。

【项目6：内容
简介】

二、项目效果欣赏

理论基础知识，无效果图。

三、项目制作流程

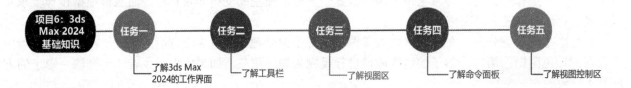

四、项目详细过程

项目引入：

（1）3ds Max 2024 的工作界面与其他软件的工作界面有何异同？
（2）工具栏的主要作用是什么？
（3）视图区的基本操作有哪些？
（4）各命令面板和视图控制的主要作用是什么？

任务一：了解 3ds Max 2024 的工作界面

3ds Max 2024 用于效果图设计的功能有建模、赋予材质、灯光布局和渲染输出等。3ds Max 2024 是一款功能强大的三维设计软件，它的应用领域非常广泛，如影视制作、游戏开发、虚拟仿真、模型设计等，其中效果图设计仅仅使用了部分命令和功能。启动 3ds Max 2024 的方法如下。

方法 1：在任务栏中单击 3ds Max 2024 图标 即可启动 3ds Max 2024 软件。

方法 2：在开始菜单栏中单击【开始】 →【Autodesk】→【3ds Max 2024】命令，即可启动 3ds Max 2024 软件。

默认状态下，工作界面可分为八大部分，分别是菜单栏、工具栏、视图区、命令面板、视图控制区、状态栏、场景中对象名称显示列表框、动画控制区。其中，视图区是制作效果图的主要工作区。3ds Max 2024 的工作界面如图 1.7 所示。

视频播放：具体介绍请观看配套视频"任务一：了解 3ds Max 2024 的工作界面.mp4"。

【任务一：了解
3ds Max 2024
的工作界面】

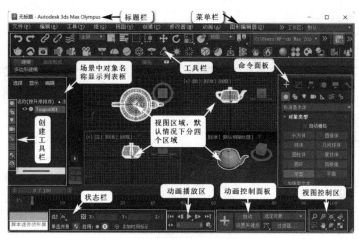

图 1.7 3ds Max 2024 的工作界面

任务二：了解工具栏

与其他应用软件一样，工具栏中以按钮的形式放置了一些经常使用的命令。这些命令可以在相应的菜单栏中找到，使用工具栏中的按钮更方便快捷。然而工具栏中的按钮只有在 1280×1024 分辨率下才能全部显示出来。如果在低于 1280×1024 的分辨率下使用，工具栏中的按钮就不能完全显示。如果要使用没有显示出来的按钮，只需将光标移到工具栏的空白位置，此时光标就会变成 状，然后按住鼠标左键不放并左右移动即可，如图 1.8 所示。

图 1.8 工具栏

视频播放： 具体介绍请观看配套视频"任务二：了解工具栏.mp4"视频文件。

【任务二：了解工具栏】

任务三：了解视图区

默认状态下，视图区主要有 4 个视图，分别是【顶视图】【前视图】【左视图】【透视图】。通过这 4 个视图，可以从不同方向和角度来观察物体。在 3ds Max 2024 中，还有【右视图】【底视图】【后视图】【用户视图】。各视图可以相互切换，切换方法是在需要转换的视图左上角中间括号的文字标签上（该文字标明了当前状态是什么视图）右击，弹出快捷菜单，在快捷菜单中选择要切换到的视图，如选择 透视 项，如图 1.9 所示，即可将【前视图】切换到【透视图】。也可以使用相应视图的快捷键来进行切换。例如，将【顶视图】切换到【前视图】，先在【顶视图】中单击，再按"F"键即可（注意：在按"F"键时，必须确保文字输入法为英文输入法）。

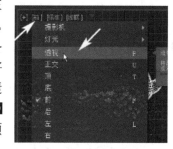

图 1.9 各视图之间切换

【顶视图】：显示物体从上向下看到的形态。
【前视图】：显示物体从前向后看到的形态。
【左视图】：显示物体从左向右看到的形态。
【右视图】：显示物体从右向左看到的形态。
【底视图】：显示物体从下向上看到的形态。
【透视图】：一般可以从任意角度观察物体的形态。

视频播放： 具体介绍请观看配套视频"任务三：了解视图区.mp4"。

【任务三：了解视图区】

任务四：了解命令面板

命令面板由多个标签组成，每一个标签页中又包含了若干个可以展开与折叠的卷展栏。3ds Max 2024 的命令面板包括【创建】面板➕、【修改】面板☑、【层级】面板🖿、【运动】面板◉、【显示】面板▢、【实用程序】面板🔧等，分别如图 1.10～图 1.15 所示。各命令面板按钮的作用在后面章节再作介绍。

图 1.10 【创建】面板

图 1.11 【修改】面板

图 1.12 【层级】面板

图 1.13 【运动】面板

图 1.14 【显示】面板

图 1.15 【实用程序】面板

【创建】面板主要用于在场景中创建各种对象，它包括 7 个子面板，分别用于创建不同类别的对象。

（1）【几何体】按钮◉：可以进入三维物体创建命令面板，该面板主要用于创建各种三维对象，如长方体、球体等。

（2）【图形】按钮◙：可以进入二维图形创建命令面板，该面板主要用于创建各种二维图形，如线条、矩形、椭圆等。

（3）【灯光】按钮◙：可以进入灯光创建命令面板，该面板主要用于创建各种灯光，如泛光灯、平行光、聚光灯等。

（4）【摄影机】按钮◙：可进入摄影机创建命令面板，该面板主要用于创建摄影机。

（5）【辅助对象】按钮◣：可进入辅助器创建命令面板，该面板主要用于创建各种辅助物体，如指南针、标尺等。

（6）【空间变形】按钮≋：可进入空间变形命令面板，该面板主要用于创建空间各种变形物体，如风、粒子爆炸等。

（7）【系统】按钮◦：可进入系统创建命令面板，该面板主要用于创建各种系统，如阳光系统、骨骼系统等。

【修改】面板主要用于对场景中的造型进行调整与修改，其中汇集了 90 多条修改命令，但制作室内效果图常用的修改命令仅有 20 多条。

视频播放：具体介绍请观看配套教学视频"任务四：了解命令面板.mp4"。

【任务四：了解命令面板】

任务五：了解视图控制区

在效果图设计过程中，随着场景中物体的增多，观察与操作就会变得困难起来。这时可以通过视图控制区中的工具调整视图的大小与角度，以满足操作的需要。视图控制区位于工作界面的右下角，其中的工具按钮随着当前视图的不同而变化。当视图为【顶视图】【前视图】或【左视图】时，视图控制区中的工具按钮如图 1.16 所示；当视图为【透视图】时，视图控制区中的工具按钮如图 1.17 所示；当视图为【摄影机视图】时，视图控制区中的工具按钮如图 1.18 所示。

图 1.16　当视图为【顶视图】【前视图】或【左视图】时，视图控制区中的工具按钮

图 1.17　当视图为【透视图】时，视图控制区中的工具按钮

图 1.18　当视图为【摄影机视图】时，视图控制区中的工具按钮

视频播放： 具体介绍请观看配套教学视频"任务五：了解视图控制区.mp4"。

【任务五：了解视图控制区】

五、项目小结

本项目主要介绍了 3ds Max 2024 的界面组成、工具栏、视图区、命令面板、视图控制区的组成及作用。要求重点掌握 3ds Max 2024 的界面组成及各个功能面板的组成和作用。

六、项目拓展训练

启动 3ds Max 2024 软件，了解界面组成，熟悉其基本操作。

【项目 6：小结和拓展训练】

项目 7：室内模型

一、项目内容简介

本项目主要介绍室内墙体、门窗、窗帘、楼梯的多种制作方法。

【项目 7：内容简介】

二、项目效果欣赏

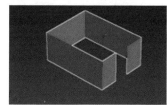

三、项目制作流程

四、项目详细过程

项目引入：

（1）墙体模型制作主要有哪几种方法？

（2）门窗模型制作主要有哪几种方法？

（3）窗帘模型制作主要有哪几种方法？

（4）楼梯模型制作主要有哪几种方法？

在制作室内效果图时，建模是最基本的工作。对于同一个室内效果图，可以使用多种建模方法。本项目集中介绍常用的室内模型制作方法。

任务一：了解墙体制作的各种方法

制作墙体最常用的方法有 4 种，分别是积木堆叠法、二维线形挤出法、参数化墙体、【编辑多边形】命令单面建模。在制作过程中可以根据实际情况选用最适合自己的方法。

1. 积木堆叠法

积木堆叠法是最简单的建模方法。整个墙体使用长方体、圆柱体、切角长方体、切角圆柱体拼接而成。其优点是容易理解、操作简单；缺点是面数太多。积木堆叠法效果如图 1.19 所示。

2. 二维线形挤出法

二维线形挤出法是一种最常用的制作墙体的方法。制作方法是先利用▣（图形）面板中的线条绘制出墙体的截面或者导入 Auto CAD 中绘制的平面图，然后在▣（修改命令）面板中使用 **挤出** 命令，将其挤出为三维造型。二维线形挤出法效果如图 1.20 所示。

3. 参数化墙体

3ds Max 2024 中提供了一种"AEC 扩展"建模命令，使用这种建模方法速度比较快。单击▣（创建命令）面板中 标准基本体 右边的▾按钮，弹出下拉菜单，选择【AEC 扩展】项，单击【墙】按钮，在【顶视图】中拖动鼠标即可创建墙体。参数化墙体效果如图 1.21 所示。

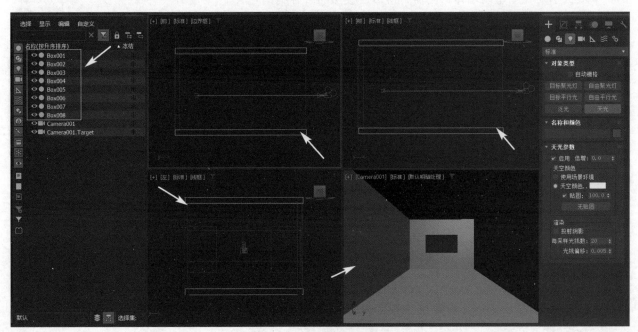

图 1.19　积木堆叠法效果

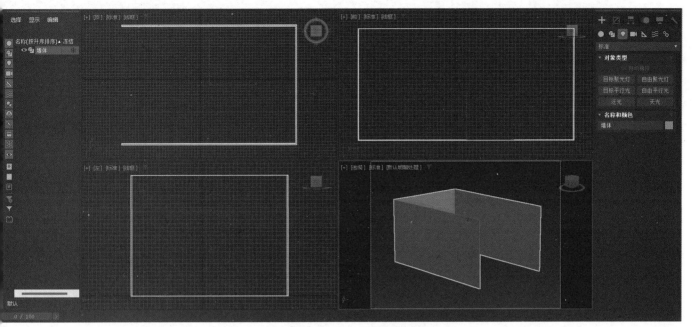

图 1.20 二维线形挤出法效果

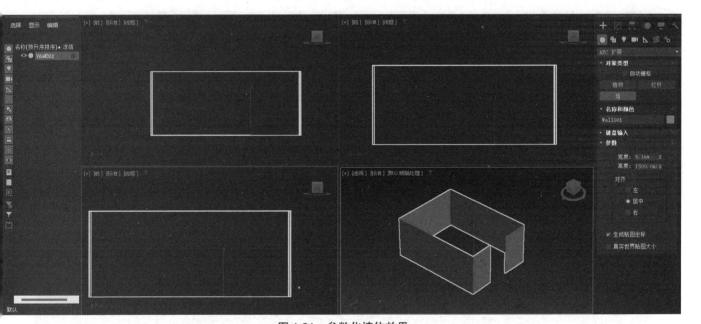

图 1.21 参数化墙体效果

4.【编辑多边形】命令单面建模

使用【编辑多边形】命令单面建模，建立的模型最简洁，但是，使用该方法建模的操作步骤太多且容易出错，建议初学者不要使用该方法建模。下面是使用【编辑多边形】命令单面建模的详细步骤。

步骤 1：在菜单栏中单击【创建】→【标准基本体】→【长方体】按钮，在【顶视图】中创建一个长度为 4000mm、宽度为 6000mm、高度为 2800mm 的长方体，作为房间造型，创建的长方体如图 1.22 所示。

步骤 2：选中长方体，在菜单栏中选择【修改（M）】→【网格编辑（M）】→【编辑多边形】命令，进入编辑多边形状态。在【编辑多边形】面板中单击【多边形】按钮▣，在【透视图】中选择一个面，并按 "Delete" 键将其删除。删除面后的效果如图 1.23 所示。

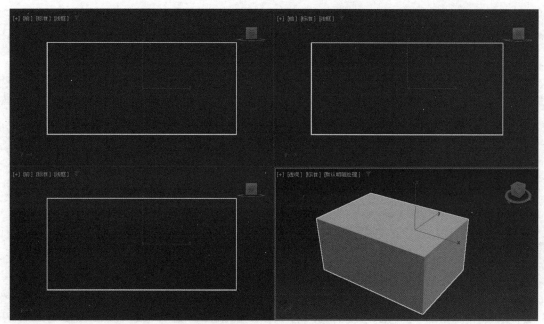

图 1.22　创建的长方体

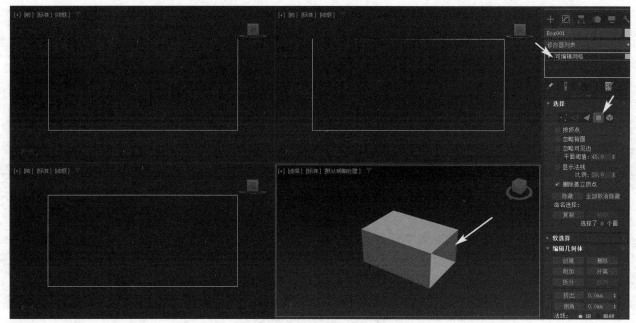

图 1.23　删除面后的效果

在 3ds Max 2024 中，三维造型在默认状态下是单面的。因此，删除了长方体的一个面之后，从长方体的内侧向外看时，什么也看不到。此时，可以通过赋予材质的方法来解决这个问题。

步骤 1：给模型赋予材质。单击工具栏中的【材质编辑器（M）】按钮，此时，弹出【材质编辑器】对话框，在该对话框中选择一个示例球，单击【明暗器基本参数】卷展栏中【双面】前面的小框，再单击【将材质指定选定对象】按钮即可，操作后的长方体效果如图 1.24 所示。

步骤 2：设置摄影机。单击【创建】按钮进入【创建命令】面板，单击【摄影机】按钮，此时，展开【摄影机】卷展栏，再单击【对象类型】中的【目标】按钮。在【顶视图】中创建一架摄影机。摄像机参数设置和位置如图 1.25 所示。

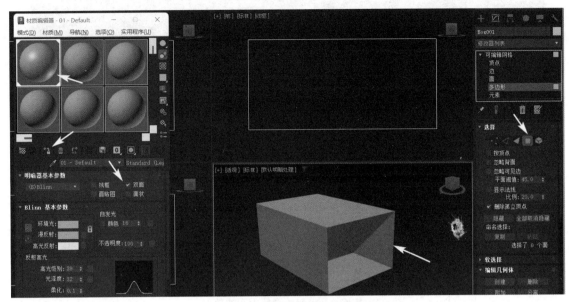

图 1.24 操作后的长方体效果

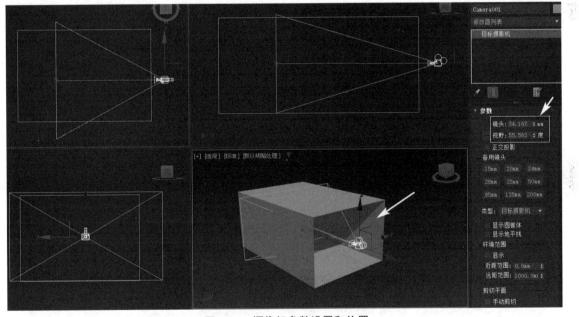

图 1.25 摄像机参数设置和位置

步骤 3：单击【透视图】激活【透视图】，再按 "C" 键，将【透视图】转换到【摄影机视图】。切换到摄像机视图的效果如图 1.26 所示。

步骤 4：在视图中选择长方体，然后进入【修改命令】面板，单击【选择】中的【多边形】按钮，再单击【选择】中的【忽略背面】左侧的小方块，此时，前面出现一个 "√"。接着单击【编辑几何体】面板中的【切割】按钮，在【前视图】中拖动鼠标，对多边形进行分割。分割之后的效果如图 1.27 所示。

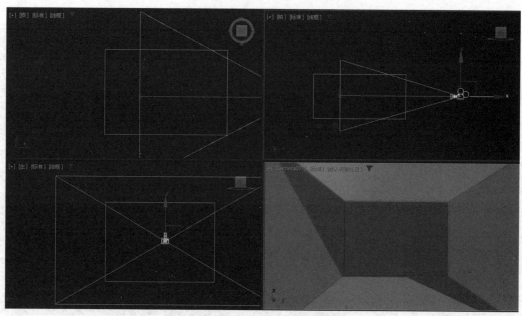

图 1.26　切换到摄像机视图的效果

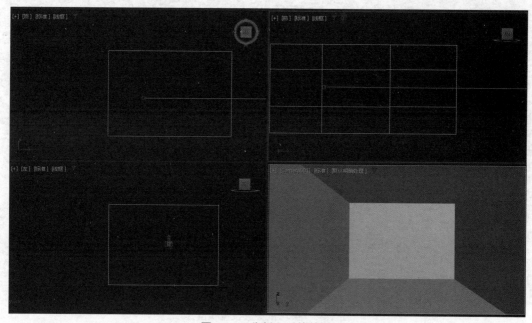

图 1.27　分割之后的效果

步骤 5：单击 ⊹（选择并移动）按钮，再单击【前视图】中间的多边形，此时，中间的多边形被选中，然后按"Delete"键，将选中的多边形删除，抠出窗洞，效果如图 1.28 所示。

步骤 6：由于长方体是单面的，墙体没有厚度，此时要给墙体制作厚度。进入【修改命令】面板，单击【多边形】按钮，然后在【前视图】中选择需要挤出的面，如图 1.29 所示。

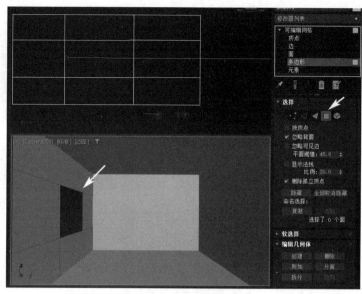

图 1.28　抠出窗洞的效果

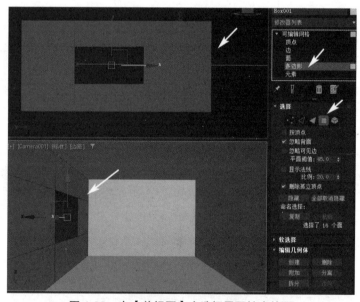

图 1.29　在【前视图】中选择需要挤出的面

步骤 7：在【编辑几何体】卷展栏中单击【挤出】按钮，在右边的【文本输入】框中输入 –240，按键盘上的"Enter"键，对选择的面进行挤出。挤出之后的效果如图 1.30 所示。

步骤 8：在视图中设置一盏泛光灯，然后在菜单栏中单击【渲染（R）】→【渲染】命令即可。渲染效果如图 1.31 所示。

视频播放：具体介绍请观看配套教学视频"任务一：了解墙体制作的各种方法.mp4"。

【任务一：了解
墙体制作的各
种方法】

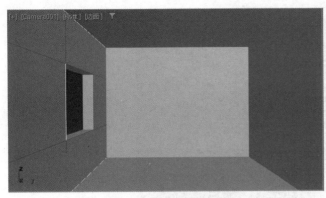
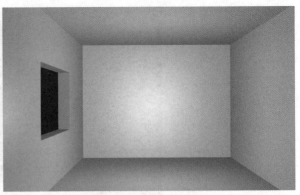

图 1.30　挤出之后的效果　　　　　　　　　　　图 1.31　渲染效果

任务二：了解门窗制作的各种方法

门窗是室内模型中的重要组成元素，门窗效果的好坏直接影响室内效果图的整体效果。门窗的制作方法跟墙体一样，也有多种制作方法。在这里主要向大家介绍 3 种制作方法，分别是二维线形倒角法、使用参数化门窗、贴图快速建模法。

1. 二维线形倒角法

二维线形倒角法是制作门窗的常用方法。如果门窗距离视野比较远，可以使用【挤出】命令来创建；如果门窗距离视野比较近，可以使用【倒角】命令来创建，这样可以使门窗的棱角具有倒角或圆角的过渡，不至于很生硬。下面详细介绍使用【倒角】制作门窗，制作步骤如下。

步骤 1：单击【创建】按钮，进入【创建】面板→单击【图形】按钮🖸，进入【图形】面板→单击面板中的【矩形】按钮。

步骤 2：在【前视图】中绘制 7 个矩形。绘制的 7 个矩形如图 1.32 所示。

步骤 3：在【前视图】中单击最大的矩形，此时，最大的矩形被选中→进入【修改命令】面板→单击 修改器列表 右边的▼按钮，弹出下拉菜单，单击【编辑样条线】命令，进入【编辑样条线】面板→单击【编辑样条线】面板中的【附加多个】按钮，此时，弹出【附加多个】对话框（图 1.33）→选择需要附加的对象（图 1.34），单击【附加多个】对话框中的【附加】按钮，此时，所有矩形被附加在一起。

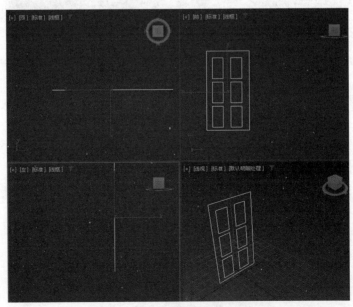

图 1.32　绘制的 7 个矩形

图 1.33　【附加多个】对话框

图 1.34　选择需要附加的对象

步骤 4：单击 修改器列表 右边的▼按钮，弹出下拉菜单，选择【倒角】命令，进入【倒角】面板。【倒角】面板具体参数设置如图 1.35 所示。

步骤 5：切换到【透视图】，此时，【透视图】被激活→单击工具栏中的【快速渲染】按钮 ，进行快速渲染，快速渲染效果如图 1.36 所示。

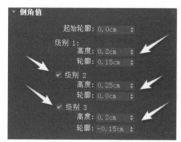

图 1.35　【倒角】面板具体参数设置

图 1.36　快速渲染效果（1）

2. 使用参数化门窗

3ds Max 2024 中提供了多种门窗建模命令。使用 3ds Max 2024 中提供的建模命令可以大大提高建模的速度。在这里以门的制作方法为例，详细介绍使用参数化门窗的方法，制作步骤如下。

步骤 1：单击【标准基本体】右边的▼按钮，此时，弹出下拉菜单，选择【门】命令，进入【门】面板→在【门】面板中单击【枢轴门】按钮→在【顶视图】中，按住鼠标左键不放，向右移动到一定位置，松开鼠标，确定门的宽度→采用同样的方法，向上移动一定距离，单击确定门的厚度→继续向上移动一段距离，单击确定门的高度。在【属性修改】面板中设置门的具体参数，如图 1.37 所示。

步骤 2：单击工具栏中的【快速渲染】按钮 ，进行快速渲染。快速渲染效果如图 1.38 所示。

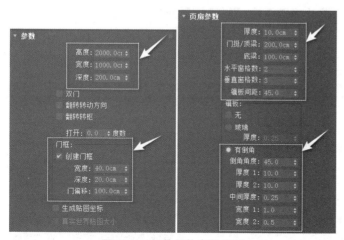

图 1.37　门的具体参数设置

图 1.38　快速渲染效果（2）

3. 贴图快速建模法

贴图快速建模法是指通过贴图来模拟实际模型的方法，这种建模方法也叫"伪建模"。这种方法的优点是建模速度快，可以大大提高工作效率，渲染速度也比较快；缺点是效果虚假，真实感比较差。因此，设计者在设计过程中应根据设计的要求而定。这种建模方法比较简单，制作方法在后面章节中再详细介绍。

> **视频播放：** 具体介绍请观看配套教学视频"任务二：了解门窗制作的各种方法.mp4"。

【任务二：了解
门窗制作的各
种方法】

任务三：了解窗帘制作的各种方法

窗帘可以看作窗户的装饰品，在家装设计中起很大的作用，窗帘设计的好坏直接影响到效果图的整体效果。

在 3ds Max 2024 中制作窗帘有两种方法：一是放样法，二是挤出法。

1. 放样法

放样是指将一个或多个二维图形沿着一个方向排列，系统自动将这些二维图形串联起来并自动生成表皮，最终将二维图形转化为三维模型。

在 3ds Max 2024 中，放样需要两个以上的二维图形，其中一个作为放样路径，确定放样物体的深度，另一个作为放样截面。下面通过一个例子来详细讲解用放样法制作窗帘的步骤。

步骤 1：启动 3ds Max 2024，在菜单栏中单击【文件（F）】→选择【保存（S）】命令，弹出【文件另存为】对话框（图 1.39）。设置好保存路径和文件名后，单击【保存（S）】按钮即可。

步骤 2：单击【创建】面板中的【图形】按钮，进入【图形】面板，再单击其中的【线】按钮，设置面板中的相关参数，如图 1.40 所示。

步骤 3：在【顶视图】中绘制一条曲线，再在【前视图】中绘制一条直线，绘制的曲线和直线如图 1.41 所示。

步骤 4：确保视图中的直线被选中。单击【几何体】按钮→【标准基本体】右边的■按钮，弹出下拉菜单，选择【复合对象】命令，转到【复合对象】面板，单击【放样】按钮→【获取图形】按钮，再单击视图中的曲线。放样之后的效果如图 1.42 所示。

2. 挤出法

挤出法在制作窗帘时经常用到，这种方法容易理解、制作简单。详细操作步骤如下。

步骤 1：单击【创建】面板中的【图形】按钮，进入【图形】面板，再单击其中的【线】按钮。

步骤 2：在【顶视图】中绘制一条曲线，如图 1.43 所示。

步骤 3：单击【修改】面板中的【样条线】按钮■，在【样条线】面板中的【轮廓】右边的输入框中输入"0.5"，并按"Enter"键创建轮廓线。轮廓线效果如图 1.44 所示。

图 1.39 【文件另存为】对话框

图 1.40 面板参数设置

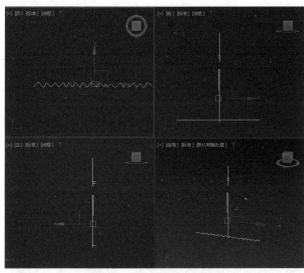

图 1.41　绘制的曲线和直线

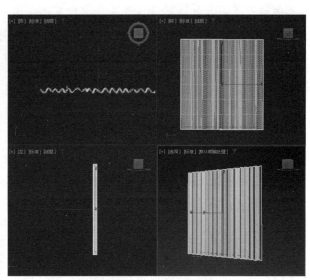

图 1.42　放样之后的效果

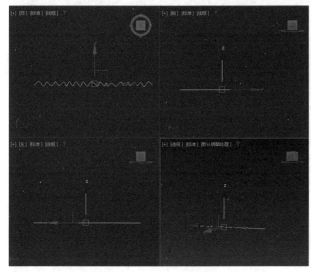

图 1.43　绘制的曲线

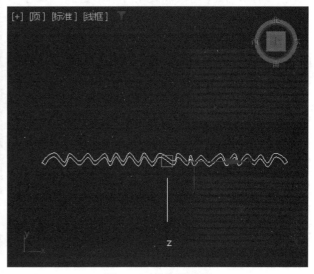

图 1.44　轮廓线效果

步骤 4：单击【修改器列表】右边的▼按钮，弹出下拉菜单，在下拉菜单中选择【挤出】命令。【挤出】面板的参数设置如图 1.45 所示。挤出的效果如图 1.46 所示。

图 1.45　【挤出】面板的参数设置

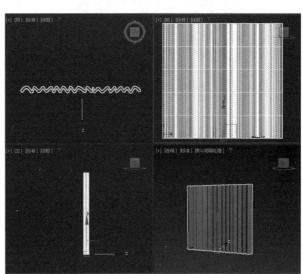

图 1.46　挤出的效果

提示：室内效果图表现中，在使用样条线挤出制作窗帘时，一般不对绘制曲线进行轮廓处理，而是直接使用【挤出】命令进行挤出。此方法挤出的曲面是没有厚度的单面曲面，需要注意法线的朝向要朝向正面。

视频播放：具体介绍请观看配套教学视频"任务三：了解窗帘制作的各种方法.mp4"。

【任务三：了解窗帘制作的各种方法】

任务四：了解楼梯制作的各种方法

楼梯是室内设计建模中的重要元素。楼梯的样式多种多样，制作方法也很多，这里介绍 3 种比较常用的方法：一是二维线形挤出法，二是阵列法，三是参数化楼梯。

1. 二维线形挤出法

【挤出】命令是室内效果图制作中常用的修改命令。通过前面的介绍可以看出，不论是墙体、门窗还是窗帘，都可以使用【挤出】命令来建模，同样，楼梯也可以使用【挤出】命令进行建模。详细制作步骤如下。

步骤 1：启动 3ds Max 2024，单击【创建】面板中的【图形】按钮，进入【图形】面板，再单击其中的【线】按钮。

步骤 2：在【前视图】中绘制图形，如图 1.47 所示。

步骤 3：单击【修改】按钮，进入【修改】面板，单击【修改器列表】右边的▼按钮，弹出下拉菜单，单击【挤出】按钮，进入【挤出】面板，其参数设置如图 1.48 所示，挤出效果如图 1.49 所示。

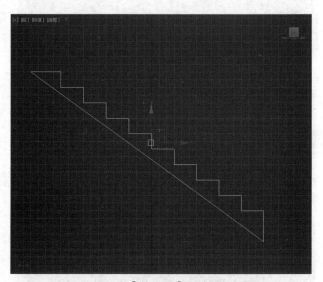

图 1.47　在【前视图】中绘制的图形

图 1.48　【挤出】面板参数设置

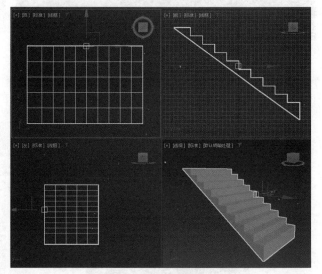

图 1.49　挤出效果

2. 阵列法

在 3ds Max 2024 中，阵列法也是一种常用的建模方法。它不仅可以对一个物体进行有规律地移动、旋转、缩放、复制，还可以同时在两个或三个方向上进行多维复制，因此常用于复制大量排列有规律的对象。详细操作步骤如下。

步骤 1：单击【几何体】中的【长方体】按钮，在【顶视图】中绘制一个长方体，面板参数的设置及长方体在各视图中的形态和位置如图 1.50 所示。

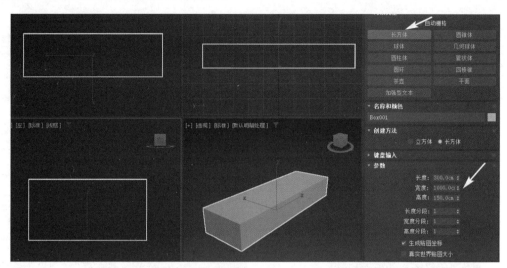

图 1.50　面板参数的设置及长方体在各视图中的形态和位置

步骤 2：在确保所绘制的长方体被选中的情况下，在菜单栏中选择【工具（T）】→【阵列（A）】命令，弹出【阵列】面板，其具体参数设置如图 1.51 所示。

步骤 3：单击【阵列】对话框中的【确定】按钮，阵列效果如图 1.52 所示。

3. 参数化楼梯

一个完整的楼梯模型相对来说是较为复杂的。前面介绍的两种方法是制作楼梯的主体部分，其实，楼梯还需要制作扶手、栏杆等，所以，制作一个完整的楼梯需要花费很多时间。3ds Max 2024 提供的参数化楼梯不仅提高了设计者的工作效率，还使制作的楼梯模型便于修改。在这里以 L 型楼梯的制作为例，讲解使用参数化楼梯的方法和步骤。

步骤 1：单击【几何体】面板中【标准基本体】右边的▾按钮，弹出下拉菜单，在下拉菜单中选择【楼梯】命令，转到【楼梯】面板，如图 1.53 所示。3ds Max 2024 中提供了 4 种类型的楼梯，在设计中可以根据需要选择楼梯的样式。

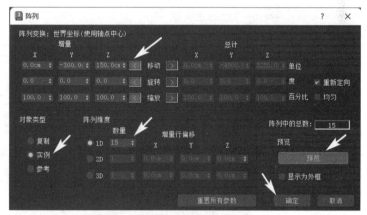

图 1.51　【阵列】面板具体参数设置

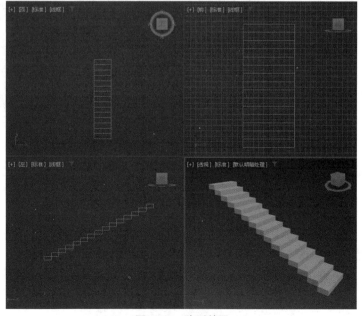

图 1.52　阵列效果

步骤 2：单击【L 型楼梯】按钮，在【顶视图】中绘制楼梯，楼梯具体参数设置如 1.54 所示，设置参数后的楼梯效果如图 1.55 所示。

图 1.53 【楼梯】面板　　　　　　　　　图 1.54　楼梯具体参数设置

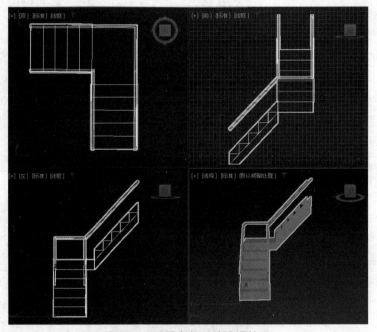

图 1.55　设置参数后的楼梯效果

> **视频播放：** 具体介绍请观看配套教学视频"任务四：了解楼梯制作的各种方法.mp4"。

【任务四：了解
楼梯制作的各
种方法】

五、项目小结

本项目主要介绍了室内效果表现中墙体、门窗、窗帘、楼梯模型的几种制作方法。要求重点掌握根据实际效果表现需要选择最合理的建模方法。

六、项目拓展训练

制作不同类型的墙体、门窗、窗帘、楼梯模型。

【项目 7：小结
和拓展训练】

项目 8：材　质

一、项目内容简介

本项目主要介绍材质面板中的菜单栏、示例窗口、工具行、工具列和参数控制区中各个工具的作用及使用方法。

二、项目效果欣赏

理论基础知识，无效果图。

三、项目制作流程

项目8：材质 —— 任务一 —— 任务二 —— 任务三 —— 任务四 —— 任务五

任务一：材质面板的显示模式和主要作用　　任务二：了解菜单栏　　任务三：了解示例窗口　　任务四：了解工具行　　任务五：了解工具列

四、项目详细过程

项目引入：

（1）材质面板有哪两种显示模式？
（2）材质面板的主要作用是什么？

任务一：材质面板的显示模式和主要作用

1. 材质面板的显示模式

材质面板主要有【精简材质编辑】显示模式（图 1.56）和【Slate 材质编辑】显示模式（图 1.57）。

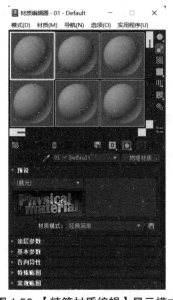

图 1.56 【精简材质编辑】显示模式

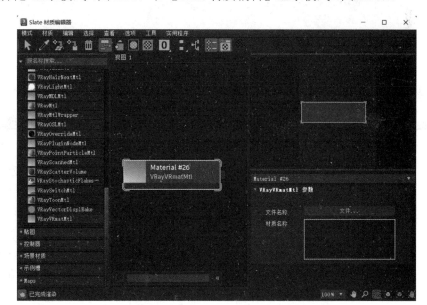

图 1.57 【Slate 材质编辑】显示模式

2. 材质面板的主要作用

材质是效果图制作过程中非常重要的内容，它是模型仿真的重要手段。编辑材质主要是通过材质编辑器来完成的，它是 3ds Max 2024 提供的一个功能强大的编辑工具。

单击工具栏中的【材质编辑器】按钮■或按 "M" 键，弹出【材质编辑器】窗口。它是一个浮动的窗口，打开之后不影响场景中的其他操作。

> **视频播放：**具体介绍请观看配套教学视频 "任务一：材质面板的显示模式和主要作用.mp4"。

任务二：了解菜单栏

菜单栏位于【材质编辑器】的标题栏下面，共有【模式（D）】【材质（M）】【导航（N）】【选项（O）】【实用程序（U）】5 个菜单选项。菜单栏采用了标准的 Windows 界面风格，其用法与 3ds Max 2024 的界面菜单一样。

> **视频播放：**具体介绍请观看配套教学视频 "任务二：了解菜单栏.mp4"。

任务三：了解示例窗口

在【材质编辑器】窗口中共有 24 个示例球对象，主要用于直观地表现材质与贴图的编辑过程。示例窗口中编辑好的材质可以通过鼠标拖动的方式复制到其他示例球中，也可以直接拖到场景中选定的对象上，还可以选择场景中需要赋予材质的对象，单击【将材质指定给选定对象】按钮■赋予材质。

在 3ds Max 2024 默认状态下，示例窗口中显示 24 个材质示例球，用于显示材质的调节效果，设计者可以根据示例球的状态大致判断材质的效果。在【材质编辑器】窗口中，3ds Max 2024 提供了 3 种材质示例球显示方式。它们之间的切换可以通过按 "X" 键来改变显示示例球的个数。

示例球的显示形状除了球体外，还可以改为圆柱体或立方体的显示形状。

如果示例窗口中的材质被指定给对象，则示例球的四角会出现白色的三角标记，表示该示例窗口中的材质是同步材质。编辑同步材质时，场景中使用该材质的对象不论是否处于被选状态，都会动态地随编辑材质的改变而改变。

> **视频播放：**具体介绍请观看配套教学视频 "任务三：了解示例窗口.mp4"。

任务四：了解工具行

在示例球的下方有一行工具，称为工具行。下面对工具行中的各个工具作简单的介绍。

（1）■（获取材质）：单击该按钮，弹出【材质 / 贴图浏览器】对话框，在该对话框中可以调用或浏览材质及贴图。

（2）■（将材质放入场景）：在当前材质不属于同步材质的前提下，将当前材质赋予场景中与当前材质同名的物体。

（3）■（将材质指定给选定对象）：将当前的材质赋予场景中被选择的对象。

（4）■（重置贴图 / 材质为默认设置）：将设置的示例球恢复到系统默认的状态。

（5）■（生成材质副本）：将当前的同步材质复制出一个同名的非同步材质。

（6）■（使唯一）：将多种子材质中的某种子材质分离成独立的材质。

（7）■（放入库）：将当前材质存放到【材质 / 贴图浏览器】对话框中。

（8）■（材质 ID 通道）：按住此按钮不放，将弹出一组按钮，在 0～15 之间，这些按钮用于与【video post】共同作用制作特殊效果的材质。

（9）■（在视口中显示标准材质）：单击此按钮，在视口中直接显示模型的贴图效果。

（10）■（显示最终效果）：当前示例球中显示的是材质的最终效果；激活■按钮时，则只显示当前层级的材质效果。

（11）■（转到父对象）：返回到材质的上一层级。

（12）⬛（转到下一个同级项）：移动到同一个材质的另一层级去。

视频播放：具体介绍请观看配套教学视频"任务四：了解工具行.mp4"。

【任务四：了解
工具行】

任务五：了解工具列

工具列位于示例球窗口右侧。工具列中的工具按钮主要用于调整示例窗口的显示状态，各按钮作用如下。

（1）⬛（采样类型）：在该按钮上按住鼠标左键不放，显示出隐藏的其他按钮。其采样类型有 3 种：球体、圆柱体、立方体。要显示哪种类型，就将鼠标移到该类型上。

（2）⬛（背光）：单击该按钮，将在示例窗的样本上添加一个背光效果，这对金属材质的调节尤其有效。

（3）⬛（背景）：单击该按钮，将在示例窗内出现一个彩色方格背景。该项主要用于透明材质的编辑。

（4）⬜（采样 UV 平铺）：在该按钮上按住鼠标左键不放，显示出隐藏的其他按钮。其采样 UV 平铺方式有⬜、⊞、⊞、⊞ 4 种，分别可以将采样平铺一次、两次、三次、四次，以此来观察贴图重复平铺的效果。

（5）⬛（生成预览）：单击⬛、⬛、⬛按钮，可以创建材质预览、播放预览、保存预览。

（6）⬛（选项）：单击该按钮，可弹出【材质编辑器选项】对话框，在该对话框中可以设置材质编辑器的基本参数。

（7）⬛（按材质选择）：单击该按钮，可以选择场景中赋有当前材质的所有对象。

（8）⬛（材质 / 贴图导航器）：单击该按钮，可弹出【材质 / 贴图导航器】对话框。该对话框中显示了当前材质的层级结构，使用它可以在材质的各层级之间进行切换。

视频播放：具体介绍请观看配套教学视频"任务五：了解工具列.mp4"。

【任务五：了解
工具列】

五、项目小结

本项目主要介绍了【材质编辑器】中的菜单栏、示例窗口、工具行、工具列和参数控制中各个工具的作用及使用方法。要求重点掌握【材质编辑器】中各个按钮的作用及使用方法。

六、项目拓展训练

给项目 5 中制作的墙体、门窗、窗帘、楼梯模型赋予材质。

【项目 8：小结
和拓展训练】

项目 9：灯光与渲染

一、项目内容简介

本项目主要介绍标准灯光、光度学灯光、渲染的作用和方法。

【项目 9：内容
简介】

二、项目效果欣赏

理论基础知识，无效果图。

三、项目制作流程

四、项目详细过程

项目引入：

（1）标准灯光主要包括哪几种？主要用于哪些场合？

（2）光度学灯光主要包括哪几种？主要用于哪些场合？

（3）【渲染】面板中各参数的作用是什么？

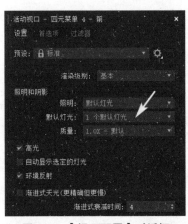

图 1.58 【视口配置】对话框

灯光是表现效果图气氛的重要手段。正确设置灯光，可以增强效果图的视觉效果。默认情况下，3ds Max 2024 为场景设置了 1 盏泛光灯，因此在建模期间不必考虑灯光的设置问题。只有设置了灯光以后，系统才会将默认灯光自动关闭。如果想改变系统默认的灯光，操作方法如下。

在菜单栏中选择【视图（V）】→【视口配置（V）】命令，弹出【视口配置】对话框，【视口配置】对话框如图 1.58 所示。

3ds Max 2024 有两种类型的灯光，即标准灯光和光度学灯光。这两种类型的灯光有各自的特点。标准灯光在场景布光中的操作比较复杂，但渲染速度比较快，工作效率高，而且可以灵活控制场景的冷暖关系。光度学灯光在场景布光中的操作比较简单，但是，由于使用了真实的光照系统进行求解计算，所以必须顾及尺寸问题，如果场景过于复杂，渲染速度就会特别慢。下面对这两种灯光设置时所涉及的有关参数进行简要介绍。

> **提示：** 如果安装了 VRay 插件，3ds Max 系统会自动添加一种 VRay 灯光。

任务一：了解标准灯光中各个参数的作用

标准灯光主要有目标聚光灯、自由聚光灯、目标平行光、自由平行光、泛光灯、天光。下面以目标聚光灯为例介绍灯光的卷展栏参数设置。

1.【常规参数】卷展栏参数

【常规参数】卷展栏参数如图 1.59 所示。

（1）【灯光类型】参数组。

用于选择不同的灯光类型。选择【启用】项，如果其前面显示"√"，在场景中灯光开启，否则，灯光关闭。取消勾选【目标】，可以通过数值设定发光点与目标点的距离。

（2）【阴影】参数组。

用于控制阴影的选项。选择【启用】项，将会在场景中开启灯光阴影（产生阴影）。选择【使用全局设置】项，将在场景中使用全局设置，即场景中灯光的阴影参数设置相同。另外，在该参数组的下拉列表中提供了 5 种阴影类型（高级光线跟踪、区域阴影、阴影贴图、光线跟踪阴影、VRayShadow），在设计过程中可根据场景的需要来选择阴影类型。

（3）【排除】参数。

允许指定对象不受灯光的照射影响，包括照明影响和阴影影响，可以通过对话框来选择控制。

2.【强度 / 颜色 / 衰减】卷展栏参数

【强度 / 颜色 / 衰减】卷展栏参数如图 1.60 所示。

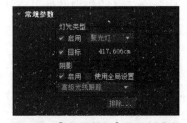

图 1.59 【常规参数】卷展栏参数

图 1.60 【强度 / 颜色 / 衰减】
卷展栏参数

（1）【倍增】参数。

对灯光的照射强度进行倍增控制，标准值为 1.0。如果设置为 2.0，则光照强度增加一倍；如果设置为负值，将会产生吸收光的效果。通过控制这个选项增加场景的亮度可能会造成场景颜色过度曝光，超出视频显示范围，所以除非是特殊效果或特殊情况，否则应尽量将该值保持在 1.0～2.0 的状态。

（2）【衰退】参数组。

【衰退】参数组主要用来控制灯光光照的衰减变化方式，其中【类型】选项默认为"无"，在下拉列表中还包括"倒数"和"平方反比"两种类型，其中"平方反比"的衰退计算方式与现实中的灯光衰退一致。

（3）【近距衰减】参数组。

使用【近距衰减】时，灯光强度在光源到指定起点之间保持为 0，在起点到指定终点之间不断增强，在终点以外保持为颜色和倍增控制所指定的值，或者改变【远距衰减】的控制。【近距衰减】与【远距衰减】的距离范围不能重合。

①【开始】：设置灯光开始淡入的位置。

②【结束】：设置灯光达到最大值的位置。

③【使用】：用来开启近距衰减。

④【显示】：用来显示近距衰减的范围线框。

（4）【远距衰减】参数组。

使用【远距衰减】时，在光源与起点之间保持颜色和倍增控制所指定的灯光强度，从起点到终点，灯光强度一直降为 0。

①【开始】：设置灯光开始淡出的位置。

②【结束】：设置灯光降为 0 的位置。

③【使用】：用来开启远距衰减。

④【显示】：用来显示远距衰减的范围线框。

3. 【聚光灯参数】卷展栏参数

【聚光灯参数】卷展栏参数如图 1.61 所示。

（1）【显示光锥】：控制是否显示灯光的范围，浅蓝色框表示聚光区范围，深蓝色框表示衰减区范围。聚光灯在选择状态时，总会显示锥形框，所以这个选项的主要作用是使未选择的聚光灯锥形框显示在视图中。

图 1.61　【聚光灯参数】卷展栏参数

（2）【泛光化】：选择该项，使聚光灯兼有泛光灯的功能，可以向四面八方投射光线，照亮整个场景，但仍会保留聚光灯的特性。

（3）【聚光区 / 光束】：调节灯光的锥形区（以角度为单位）。对于光度学灯光对象，灯光强度在【光束】角度衰减到自身的 50%，而标准聚光灯在【聚光区】内的强度保持不变。

（4）【衰减区 / 区域】：调节灯光的衰减区域（以角度为单位）。从聚光区到衰减区的角度范围内，光线由强向弱逐渐衰减变化。此范围外的对象不受任何光线的影响。

（5）【圆 / 矩形】：设置为圆形灯或矩形灯。默认设置是圆形灯，产生圆锥灯柱。矩形灯产生长方形灯柱，常用于窗户投影或电影、幻灯机的投影灯。

（6）【纵横比】：如果选中【矩形】，【纵横比】值用来调节矩形的长宽比，【位图拟合】按钮用来指定一张图像，并使用图像的长宽比作为灯光的长宽比，这样做主要为了确保投影图像的比例正确。

4. 【高级效果】卷展栏参数

【高级效果】卷展栏参数如图 1.62 所示。

（1）【对比度】：调节对象高光区与漫反射区之间的对比度。值为 0.0 时是正常效果，对有些特殊效果如外层空间中刺目的反光效果，需要增加对比度的值。

图 1.62 【高级效果】卷展栏参数

（2）【柔化漫反射边】：柔化漫反射区与阴影区表面之间的边缘，避免产生清晰的明暗分界线。但它会细微地降低灯光亮度，可以通过适当增加【倍增】来弥补。

（3）【漫反射 / 高光反射】：默认的灯光设置是对整个对象表面产生照射，包括漫反射区和高光区。在此，可以控制灯光单独对其中一个区域产生影响，这对某些特殊光效调节非常有用。例如，用一个蓝色的灯光去照射一个对象的漫反射区，让它表面受蓝光影响，再用另一个红色的灯光单独去照射它的高光区，产生红色的反光，这样就可以对表面漫反射区和高光区进行单独控制。

（4）【仅环境光】：选择此项时，灯光仅以环境照明的方式影响对象表面的颜色，近似于给模型表面均匀涂色。如果使用场景的环境光，会对场景中所有的对象产生影响，而使用灯光的此项控制，可以灵活地为对象指定不同的环境光。

（5）【投影贴图】：勾选此选项下的【贴图】复选框，并选择一张图像作为投影图，可以使灯光投射出图片效果。如果使用动画文件，还可以投射出动画效果。如果增加体积光效，可以产生彩色的图像光柱。

5.【阴影参数】卷展栏参数

【阴影参数】卷展栏参数如图 1.63 所示。

（1）对象阴影参数组。

①【颜色】：单击此选项，可以弹出色彩调节框，用于调节当前灯光产生阴影的颜色（默认为黑色）。该选项还可以设置动画效果。

②【密度】：调节阴影的浓度。提高密度值会增加阴影的黑色程度（默认值为 1）。

图 1.63 【阴影参数】卷展栏参数

③【贴图】：为阴影指定贴图。左侧的复选框用于设置是否使用阴影贴图，贴图的颜色将与阴影颜色混合；右侧的按钮用于打开贴图浏览器进行贴图选择。

④【灯光影响阴影颜色】：选择此项时，阴影颜色显示为灯光颜色和阴影固有色（或阴影贴图颜色）的混合效果（默认为关闭）。

（2）【大气阴影】参数组。

①【启用】：设置大气是否对阴影产生影响。如果选择【启用】项，当灯光穿过大气时，大气效果能够产生阴影。

②【不透明度】：调节阴影透明度的百分比。

③【颜色量】：调节大气颜色与阴影颜色混合程度的百分比。

3ds Max 2024 中的标准灯光是模拟光，主要通过光线模拟现实中的各种真实场景，制作出接近真实的画面效果。其他类型的灯光参数，可参考目标聚光灯的参数进行调整。

> **视频播放**：具体介绍请观看配套教学视频"任务一：了解标准灯光中各个参数的作用.mp4"。

【任务一：了解标准灯光中各个参数的作用】

任务二：了解光度学灯光中各个参数的作用

光度学灯光主要有 3 种对象类型，如图 1.64 所示。

光度学灯光通过设置灯光的光度学值来模拟现实场景的灯光效果。设计者可以为灯光指定各种各样的分布方式、颜色特征，还可导入从照明厂商那里获得的特定光度学文件。

这里所说的光度学指的是 3ds Max 2024 所提供的灯光在环境中传播情况的物理模拟，它不但可以产生非常真实的渲染效果，还能够准确地测量场景中的灯光分布情况。

图 1.64　光度学灯光的对象类型

1. 光度学参量

在进行光度学灯光设置时，会遇到以下 4 种光度学参量。

（1）【光通量】：是指每单位时间抵达、离开或穿过表面的光能数量。国际单位制（SI）和美国单位制（AS）中的单位都是 lumen（流明），简写 lm。

（2）【照明度】：是指入射在单位面积上的光通量。

（3）【亮度】：一部分入射到表面上的光会反射回环境当中，这些沿特定方向从表面反射回环境的光的强度称为【亮度】。【亮度】的单位为烛光 / 平方米或烛光 / 平方英寸。

（4）【发光强度】：是指单位时间内特定方向上光源所发出的能量，单位为烛光度。烛光度最初的定义是指一根蜡烛所发出的光的强度。【发光强度】通常用来描述光源的定向分布，可以设置【发光强度】的变化作为光源发散方向的函数。

正是由于引用了这些基于现实基础的光度学参量，3ds Max 才能精确地模拟真实的照明效果和材质效果。

2.【光度学】灯光的主要参数

下面以【目标点光源】为例，介绍【光度学】灯光的主要参数。

【常规参数】卷展栏中的参数与标准灯光相同，前面已经有详细的介绍，这里就不再重复介绍。在此主要介绍【强度 / 颜色 / 衰减】卷展栏中的参数，如图 1.65 所示。

（1）【颜色】参数组。

在其下拉列表中可以设定灯光类型，如白炽灯、荧光灯等。

①【开尔文】：通过改变灯光的色温来设置灯光颜色。灯光的色温用【开尔文】表示，相应的颜色显示在右侧的颜色块中。

②【过滤颜色】：模拟灯光被放置滤色镜后的效果。例如，为白色的光源设置红色的过滤后，将发射红色的光。可通过右侧的颜色块对滤镜颜色进行调整（默认为白色）。

（2）【强度】参数组。

【强度】下的选项用于设置光度学灯光基于物理属性的强度或亮度值。

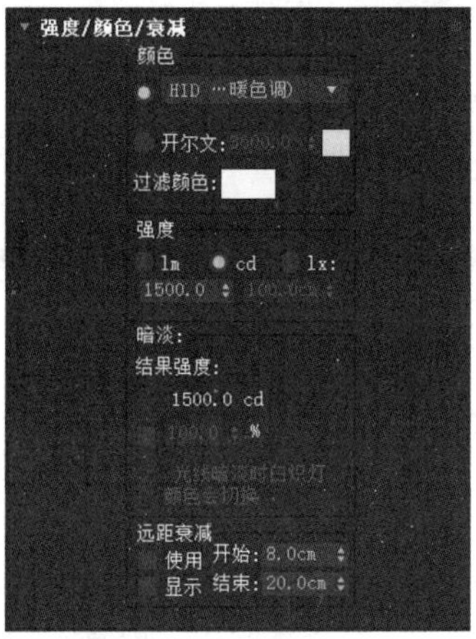

图 1.65　【强度 / 颜色 / 衰减】
卷展栏参数

①【lm】（流明）：光通量单位，测量灯光发散的全部光能（光通量）。100W 普通白炽灯的光通量约为 1750lm。

②【cd】（烛光度）：测量灯光的最大发光强度。100W 普通白炽灯的发光强度约为 139cd。

③【lx】（勒克斯）：测量被灯光照亮的表面面向光源方向上的照明度。lx 是照度的国际单位，相当于 1 流明 / 平方米；相应的美国单位制为尺烛光，简写 fc，相当于 1 流明 / 平方英尺。从尺烛光换算为勒克斯需要乘以 10.76，例如，36fc×10.76=387.36lx。

（3）【暗淡】参数组。

①【结果强度】：通过控制百分比来调节烛光度，使灯光发光强度增大或减少。

②【光线暗淡时白炽灯颜色会切换】：勾选此项，当光线变暗时，系统将自动切换白炽灯的颜色。

（4）【远距衰减】参数。

请参考标准灯光参数中的【远距衰减】参数介绍。

视频播放： 具体介绍请观看配套教学视频"任务二：了解光度学灯光中各个参数的作用.mp4"。

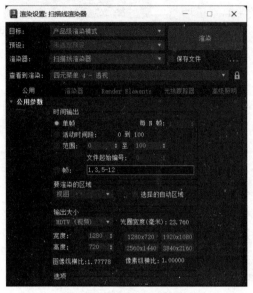

图 1.66 【渲染设置】面板

任务三：了解【渲染】面板参数的设置和渲染的方法

渲染是制作室内效果图的最后一个步骤，通常将一个室内效果图的线架文件输出为 *.tif 或 *.jpg 格式的图像文件。如果设置了动画，也可以输出 *.avi 视频文件格式。在 3ds Max 2024 工具栏的右侧提供了两个用于渲染的工具按钮。

（1）在菜单栏中单击【渲染（R）】→【渲染】命令，可以按默认设置快速渲染当前场景。

（2）在菜单栏中单击【渲染（R）】→【渲染设置（R）...】命令，弹出【渲染设置】面板，如图 1.66 所示。

（3）在【渲染设置】面板中，根据输出的需要设置相关参数（图像尺寸、保存位置、名称等），设置完毕后，单击【渲染】按钮即可渲染场景。

提示：【渲染场景】窗口中各选项的具体讲解将在后面的章节中进行详细介绍。

视频播放： 具体介绍请观看配套教学视频"任务三：了解【渲染】面板参数的设置和渲染的方法.mp4"。

五、项目小结

本项目主要介绍了标准灯光、光度学灯光、渲染的作用，以及灯光各个参数的设置。要求重点掌握灯光的作用和灯光各个参数的设置。

六、项目拓展训练

利用前面所学知识制作一个简单场景，练习各种灯光的设置，并渲染出效果图进行对比，分析不同灯光的优点和缺点。

项目 10：效果图制作的基础操作

一、项目内容简介

本项目主要介绍制作效果图前的单位设置、打通贴图通道、线架库的使用、材质库的使用和效果图表现的基本流程。

二、项目效果欣赏

理论基础知识，无效果图。

三、项目制作流程

项目10：效果图制作的基础操作 — 任务一 — 单位设置 — 任务二 — 打通贴图通道 — 任务三 — 线架库的使用 — 任务四 — 材质库的使用 — 任务五 — 效果图表现的基本流程

四、项目详细过程

项目引入：

（1）在效果图制作前为什么要设置单位？

（2）怎样打通贴图通道，打通贴图通道有什么作用？

（3）什么是线架库？怎样使用线架库？

（4）材质库的主要作用是什么？怎样使用材质库？

（5）效果图表现的基本流程。

任务一：单位设置

制作效果图时，大多数设计者使用毫米为单位。我们要养成一个好的习惯，在制作前先设置单位。为方便以后文件的合并，在设置单位时最好设置为毫米。单位设置的详细步骤如下。

步骤 1：启动 3ds Max 2024 软件。

步骤 2：在菜单栏中选择【自定义（U）】→【单位设置（U）】命令，弹出【单位设置】对话框，单位的具体设置如图 1.67 所示。

步骤 3：依次单击【确定】按钮即可完成单位的设置。

> **视频播放：** 具体介绍请观看配套教学视频"任务一：单位设置.mp4"。

【任务一：单位设置】

任务二：打通贴图通道

在制作效果图时，当将线架文件或线架文件中使用的贴图文件改变路径后再打开该文件时，会发现所编辑的各项材质使用的贴图文件丢失，这时会弹出一个【缺少外部文件】对话框，如图 1.68 所示。

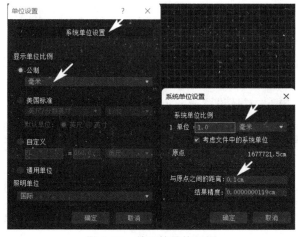

图 1.67 单位的具体设置

图 1.68 【缺少外部文件】对话框

【缺少外部文件】对话框中记录了材质所使用的贴图的原始路径和名称。通过这个对话框可以了解线架文件中所使用的贴图文件，也可以根据该对话框提供的信息，通过打通贴图通道的方式重新找到贴图文件。具体操作步骤如下。

步骤 1：启动 3ds Max 2024 软件。

步骤 2：在菜单栏中选择【自定义（U）】→【配置项目路径（C）...】命令，弹出【配置项目路径】对话框，然后选择【外部文件】选项卡，如图 1.69 所示。

步骤 3：单击【添加（A）...】按钮，弹出【选择新的外部文件路径】对话框，如图 1.70 所示。

图 1.69 【外部文件】选项卡

图 1.70 【选择新的外部文件路径】对话框

步骤 4：单击【使用路径】按钮，则新的路径被添加到列表中。添加的路径如图 1.71 所示。

步骤 5：单击【确定】按钮，贴图文件的路径被永久记录在 3d max.ini 文件中（该文件在 3ds Max 的安装目录下），以后打开文件时自动寻找该路径下的贴图。

> **视频播放**：具体介绍请观看配套教学视频"任务二：打通贴图通道.mp4"。

【任务二：打通贴图通道】

任务三：线架库的使用

作为一个长期从事效果图制作工作的设计者，要注意积累一些常用的、好的模型线架文件，以便在设计中直接调用，这样可以提高工作效率、缩短工作周期。线架库实际上就将一些常用的线架文件分门别类地组织起来，以便以后查询和调用。

下面以制作好的沙发模型合并到场景中为例，详细介绍线架库的使用。

步骤 1：启动 3ds Max 2024 软件。

步骤 2：在菜单栏中单击【文件（F）】→【导入（I）】→【合并（M）...】命令，弹出【合并文件】对话框，选择需要导入的沙发模型，如图 1.72 所示。

步骤 3：单击【打开（O）】按钮，弹出【合并】对话框，具体设置如图 1.73 所示。

步骤 4：单击【确定】按钮，即可将沙发合并到场景中，合并到场景中的沙发如图 1.74 所示。

步骤 5：使用【移动工具】【选择并旋转】【选择并缩放】工具对合并后的线架模型进行位置、方向、大小的调整。

步骤 6：方法同上。继续将需要合并的线架模型合并到场景中。

> **视频播放**：具体介绍请观看配套教学视频"任务三：线架库的使用.mp4"。

【任务三：线架库的使用】

图 1.71　添加的路径

图 1.72　选择需要导入的沙发模型

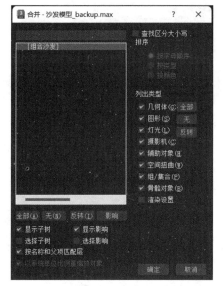

图 1.73　【合并】对话框具体设置

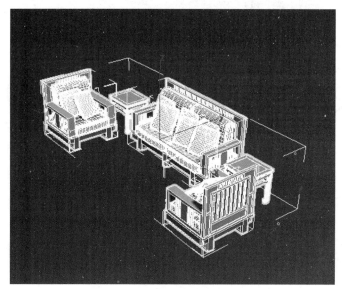

图 1.74　合并到场景中的沙发

任务四：材质库的使用

贴图与材质是模型仿真模拟的关键技术，同样的模型，所赋予的材质不同，表现出来的效果将大相径庭。编辑材质是一项非常复杂的工作，编辑出一个好的材质通常要花费很长时间。为了提高设计者的工作效率，3ds Max 2024 提供了保存材质且能重复使用的功能，这样就可以将平时编辑好的材质效果和常用的材质效果保存到材质库，方便以后需要赋予类似的材质时调用。下面详细介绍建立材质库和使用材质库的方法。

1. 建立材质库的方法

建立材质库的方法很简单，将平时编辑好的材质保存到材质库即可，难的是怎样编辑出高质量的材质。下面介绍建立材质库的方法。

步骤 1：启动 3ds Max 2024 软件。

步骤 2：在菜单栏中单击【渲染（R）】→【材质 / 贴图浏览器（B）...】命令，弹出【材质 / 贴图浏览器】对话框，如图 1.75 所示。

图 1.75　【材质 / 贴图浏览器】
对话框

步骤 3：在【材质 / 贴图浏览器】对话框中单击■▼→【新材质库...】命令，弹出【创建新材质库】对话框，具体设置如图 1.76 所示。

步骤 4：单击【保存（S）】按钮，完成新材质的创建。

步骤 5：在新建的材质库上右击，弹出快捷菜单，选择其中的【关闭材质库】命令（图 1.77），即可将新建的材质库从磁盘中临时删除。

图 1.76 【创建新材质库】对话框具体设置

图 1.77 选择【关闭材质库】命令

2. 使用材质库

使用材质库中的材质非常简单。打开场景文件和材质库，将材质库中的材质直接拖到场景中需要赋予材质的模型上，松开鼠标左键即可。有时，在不同的环境中使用的材质可能存在差异，这时可以先将材质复制到【材质编辑器】对话框的材质示例球上，然后根据环境需要调整参数即可。

> **视频播放**：具体介绍请观看配套教学视频"任务四：材质库的使用.mp4"。

【任务四：材质库的使用】

任务五：效果图表现的基本流程

计算机制作效果图的基本流程如图 1.78 所示。

01	02	03	04	05	06
根据项目分析，确定效果的风格和需要创建的模型	根据项目要求，确定项目中高精度模型和低精度模型，对模型展UV	创建灯光和摄影机，调节灯光和摄影机角度	给模型赋予材质，调节模型的材质	确定渲染引擎，进行渲染设置，输出渲染成品	使用Photoshop软件进行后期合成处理

图 1.78 计算机制作效果图的基本流程

> **提示**：各步骤的操作在后面章节中再详细介绍。

> **视频播放**：具体介绍请观看配套教学视频"任务五：效果图表现的基本流程.mp4"。

【任务五：效果图表现的基本流程】

五、项目小结

本项目主要介绍了单位设置、打通贴图通道、线架库的使用、材质库的使用和效果图表现的基本流程。要求重点掌握单位设置、材质库的使用和效果表现的基本流程。

【项目 10：小结和拓展训练】

六、项目拓展训练

1. 填空题

（1）现代室内设计也称为_____，它所包含的内容和传统的室内装饰相比，涉及的面更广、相关的因素更多，内容也更为深入。

（2）_____是家庭的主要活动空间，色彩以中性色为主，强调明快、活泼、自然，不宜用太强烈的色彩，整体上要给人一种舒适的感觉。

（3）_____多强调雅致、庄重、和谐的格调，可以选用灰、褐绿、浅蓝、浅绿色等颜色，同时点缀少量字画，渲染书香气氛。

（4）_____可以采用暖色调，如乳黄、柠檬黄、淡绿色等。

（5）所谓_____，是指空间构图中各元素的视觉分量给人以稳定的感觉。

（6）_____是表现效果图最关键的一项技术，无论是表现日景还是夜景，都要把握好光线的变化。

2. 选择题

（1）下面哪一项不属于室内设计的依据因素？_____
A. 静态尺度 　　　　　　 B. 动态活动范围
C. 心理需求范围 　　　　 D. 可扩展空间

（2）_____色调以素雅、整洁为宜，如白色、浅绿色，使之有洁净之感。
A. 客厅 　　　　　　　　 B. 卧室
C. 卫生间 　　　　　　　 D. 厨房

（3）_____以明亮、洁净的颜色为主色调，可以应用淡绿、浅蓝、白色等颜色。
A. 客厅 　　　　　　　　 B. 卧室
C. 卫生间 　　　　　　　 D. 厨房

（4）下面哪一项不属于理想的构图比例？_____
A. 2∶3 　　　　　　　　 B. 3∶4
C. 4∶5 　　　　　　　　 D. 6∶9

3. 简答题

（1）室内设计的含义是什么？
（2）室内设计的基本观点主要是什么？
（3）室内设计的发展趋势是什么？
（4）楼梯模型有哪几种制作方法？
（5）怎样建立自己的材质库？
（6）效果图制作的基本流程主要包括哪几个步骤？

4. 上机实训

（1）练习启动 3ds Max 2024 软件。
（2）创建一些基本的几何体。
（3）创建一扇简单的推拉门。
（4）创建一个旋转楼梯。

第2章

墙体、门窗、地面模型设计

技能点

项目1：墙体制作。

项目2：门窗制作。

项目3：地面制作。

说　明

本章主要通过3个项目全面介绍收集信息、CAD图纸分析、墙体制作、门窗制作、地面制作以及材质的调节。

教学建议课时数

一般情况下需要16课时，其中理论4课时，实际操作8课时（特殊情况下可做相应调整）。

【第2章　内容简介】

在室内设计之前，一定要与客户进行沟通，了解客户的相关信息，如客户的职业、爱好、宗教信仰、成长环境和对室内功能的需求等。然后进行实地考察、尺寸测量、绘制草图。根据草图绘制 CAD 图纸，再与客户进行反复沟通和修改，直到客户满意为止，之后再制作室内效果表现图。这体现了党的二十大报告中提出的"坚持以人民为中心的发展思想"，要确保设计方案既满足功能需求，又能提升居住者的生活品质。

项目 1：墙体制作

【项目 1：内容简介】

一、项目内容简介

本项目主要介绍根据 CAD 图纸制作墙体。

二、项目效果赏析

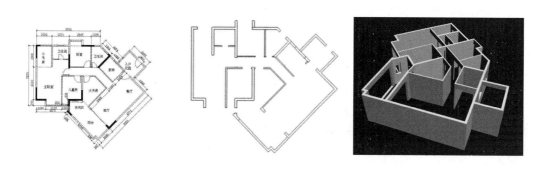

三、项目制作流程

项目 1：墙体制作 — 任务一：客户分析、确定 CAD 图纸 — 任务二：启动 3ds Max 2024，设置单位和导入 CAD 图纸 — 任务三：根据 CAD 图纸制作入户花园、餐厅、客厅和阳台墙体 — 任务四：根据 CAD 图纸制作其他墙体 — 任务五：给墙体赋予材质

四、项目详细过程

项目引入：

（1）怎样与客户进行交流？需要了解客户哪些基本信息？

（2）在进行制作之前为什么要设置 3ds Max 2024 的单位？

（3）制作墙体主要有哪几种方法？

（4）怎样给墙体赋予材质？

任务一：客户分析、确定 CAD 图纸

1. 客户分析

与客户交流以后，了解到的基本信息如下：

（1）男主人为中年教师，爱好阅读，需要有足够的空间收藏书籍。

（2）男主人在农村长大，有比较浓厚的乡村情结。

（3）主要家庭成员包括夫妻、老人、一个女儿和一个儿子。

（4）客户偏爱现代中式风格，女儿偏爱西方欧式装饰风格，年幼的儿子性格开朗、活泼可爱。

（5）室内面积为 140m²，包括入户花园、客厅、餐厅、厨房、卧室和两个卫生间。主人房内有一个小套房。

（6）房子的阳台比较大。根据客户要求，将阳台一部分隔离出来与阳台右边的一个房间连通，作为大书房的一部分，主要用于男主人日常学习和写作。

（7）主人房中的小套房作为女主人的书房。

（8）老人房的设计不要太复杂。

2. 确定室内 CAD 图纸

（1）根据要求绘制 CAD 平面图。

与客户沟通后，在现场进行实际测量，然后根据测量数据绘制 CAD 平面图。CAD 平面图如图 2.1 所示。

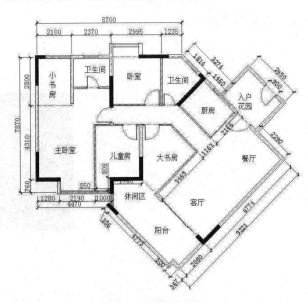

图 2.1　CAD 平面图

提示：CAD 平面图的绘制在这里就不再详细介绍。具体绘制方法及步骤请参考北京大学出版社的《Auto CAD 2014 室内装饰设计制图》（伍福军主编）一书的第 7 章。

（2）根据要求绘制 CAD 平面布置图。

通过与客户交谈收集的信息以及室内设计原则，绘制 CAD 平面布置图，如图 2.2 所示。

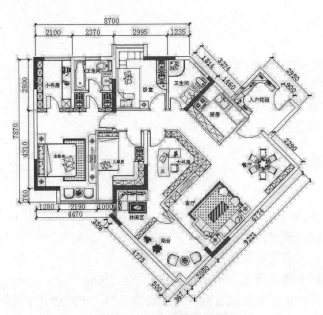

图 2.2　CAD 平面布置图

3. 简化图纸

CAD 平面布置图经客户确定后，就可以根据图纸制作效果表现图。在制作效果表现图之前，需要先简化图纸。简化后的图纸如图 2.3 所示。

简化图纸的主要目的是删除多余的图形，以便在导入 3ds Max 2024 之后参考和勾画线条。例如，轴线、标注、文字说明、填充、门窗和尺寸标注等相关信息可以删除。

视频播放： 具体介绍请观看配套视频"任务一：客户分析、确定 CAD 图纸.mp4"。

【任务一：客户分析、确定 CAD 图纸】

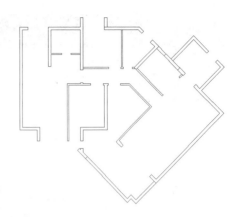
图 2.3　简化后的图纸

任务二：启动 3ds Max 2024，设置单位和导入 CAD 图纸

1. 启动 3ds Max 2024

步骤 1：在任务栏中单击 3ds Max 2024 快捷图标 ，即可启动 3ds Max 2024。

步骤 2：将启动的 3ds Max 2024 存储并命名为"室内装饰设计墙体制作 .max"。

2. 设置单位

设置单位的目的是在设计过程中统一单位，方便以后 CAD 图纸和其他模型的导入。一般情况下，室内效果图的单位设置为毫米；而室外建筑或大型场景的单位设置为米。单位设置的具体方法如下。

步骤 1：在菜单栏中单击【自定义（U）】→【单位设计（U）…】命令，弹出【单位设置】对话框。

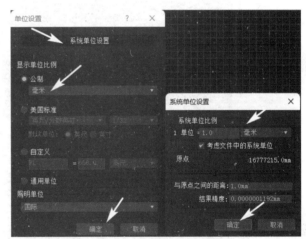
图 2.4　【单位设置】对话框具体设置

步骤 2：设置【单位设置】对话框参数，具体设置如图 2.4 所示。

步骤 3：设置完毕之后单击【确定】按钮，完成单位设置。

3. 导入 CAD 图纸

导入 CAD 图纸的目的是根据 CAD 图纸绘制线条并挤出墙体。图纸导入的具体操作方法如下。

步骤 1：单击【顶视图】，即可将【顶视图】设置为当前视图。

步骤 2：在菜单栏中单击【文件（F）】→【导入（I）】→【链接 AutoCAD】命令，弹出【打开】对话框，如图 2.5 所示。在该对话框中选择"室内装饰设计简化平面图 .dwg"文件。

步骤 3：单击【打开（O）】按钮，弹出【管理链接】对话框，如图 2.6 所示。

步骤 4：单击【附加该文件】按钮，即可将简化之后的 CAD 图纸导入 3ds Max 2024 中，如图 2.7 所示。

步骤 5：单击【管理链接】对话框中右上角的【×】按钮，完成 CAD 图纸的导入。

视频播放： 具体介绍请观看配套视频"任务二：启动 3ds Max 2024，设置单位和导入 CAD 图纸.mp4"。

【任务二：启动 3ds Max 2024，设置单位和导入 CAD 图纸】

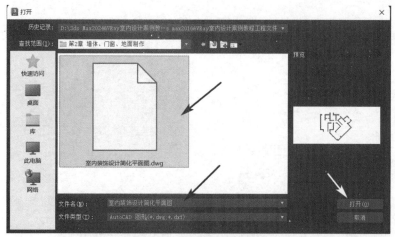

图 2.5 【打开】对话框

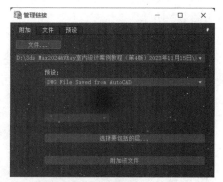

图 2.6 【管理链接】对话框

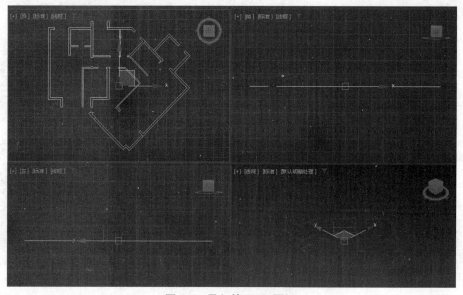

图 2.7 导入的 CAD 图纸

任务三：根据 CAD 图纸制作入户花园、餐厅、客厅、阳台的墙体

墙体制作的方法在第1章中有所介绍——积木堆叠法、二维线形挤出法、参数化墙体、【编辑多边形】命令单面建模4种方法。本任务使用二维线形挤出法来制作墙体。具体操作方法如下。

1. 冻结导入的 CAD 图纸

冻结导入的 CAD 图纸的方法很简单。将鼠标放到导入的 CAD 图纸上的任意位置，单击鼠标右键，弹出快捷菜单，单击【冻结当前选择】命令，即可将选定的 CAD 图纸冻结。

> **提示：** 在后面介绍冻结对象时，就不再详细介绍，只作提示。解冻冻结对象的方法也比较简单，在【场景资源管理器】窗口将鼠标移到需要解冻的对象上单击鼠标右键，弹出快捷菜单，选择【解冻场景资源管理器当前选择】或【全部解冻】命令（选择该命令，将场景中所有对象进行解冻），即可解冻对象。

2. 绘制入户花园墙体

绘制入户花园墙体可采用二维线形挤出法。具体操作方法如下。

步骤 1：在右侧面板中单击【图形】按钮 ◙→【线】按钮 ▮线，在【顶视图】中绘制闭合曲线，绘制的闭合曲线如图 2.8 所示。

步骤 2：在右侧面板中单击【修改】按钮 ◪，切换到【修改】命令面板。

步骤 3：单击绘制的闭合曲线。在【修改】命令面板中单击 修改器列表 ▾ 右边的 ▾ 按钮，弹出下拉菜单，选择【挤出】命令，即可给绘制的闭合曲线添加【挤出】命令。

步骤 4：设置【挤出】命令的参数，具体设置如图 2.9 所示。设置参数后的效果如图 2.10 所示。

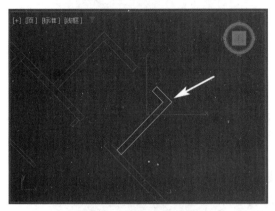
图 2.8 绘制的闭合曲线

图 2.9 挤出参数设置

图 2.10 设置参数后的效果

提示： 在后面介绍中，添加修改命令和设置参数时，就不再详细介绍添加命令的操作步骤，只提示添加某命令，具体参数设置如某图所示即可。

步骤 5：方法如上。继续绘制闭合曲线，绘制的闭合曲线如图 2.11 所示。

步骤 6：给绘制的闭合曲线添加【挤出】命令并设置挤出参数。挤出后的墙体效果如图 2.12 所示。

步骤 7：将"入户花园墙体 04"挤出对象复制一份，并命名为"入户花园墙体 06"，挤出量改为"450"，效果如图 2.13 所示。

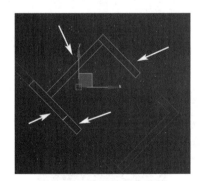
图 2.11 绘制的闭合曲线

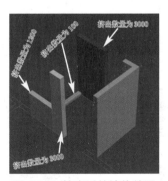
图 2.12 挤出后的墙体效果

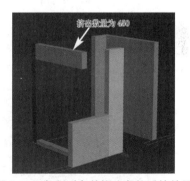
图 2.13 复制对象并修改参数后的效果

3. 绘制餐厅、客厅、阳台墙体

餐厅、客厅、阳台墙体的绘制方法与入户花园墙体的绘制方法完全相同。绘制闭合曲线再添加【挤出】命令并修改【挤出】命令的参数即可。具体操作如下。

步骤 1：绘制闭合曲线，如图 2.14 所示。

步骤 2：给绘制的闭合曲线添加【挤出】命令。挤出后的效果如图 2.15 所示。

视频播放： 具体介绍请观看配套视频"任务三：根据 CAD 图纸制作入户花园、餐厅、客厅、阳台的墙体.mp4"。

【任务三：根据 CAD 图纸制作入户花园、餐厅、客厅、阳台的墙体】

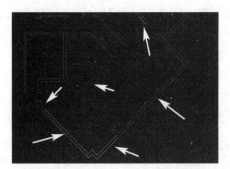

图 2.14 绘制的闭合曲线

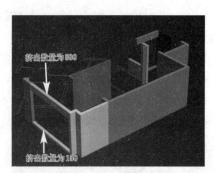

图 2.15 挤出后的效果

任务四：根据 CAD 图纸制作其他墙体

其他墙体的制作方法与前文介绍的墙体的制作方法完全相同。绘制闭合曲线，添加【挤出】命令并复制对象，然后修改【挤出】命令中的参数。以绘制门窗为例，具体操作如下。

步骤 1：使用【线】命令绘制闭合曲线，如图 2.16 所示。

步骤 2：给绘制的闭合曲线添加【挤出】命令，设置参数值为 3000，效果如图 2.17 所示。

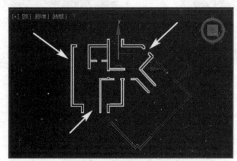

图 2.16 绘制的闭合曲线

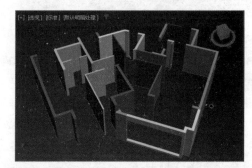

图 2.17 给闭合曲线添加【挤出】命令后的效果

步骤 3：绘制门窗顶部和底部的墙体。绘制的门窗位置处的闭合曲线如图 2.18 所示。

步骤 4：给绘制的闭合曲线添加【挤出】命令，设置参数值为 500。对门窗位置的挤出对象进行复制，并修改【挤出】命令中的参数值为 1200。添加【挤出】命令后的效果如图 2.19 所示。

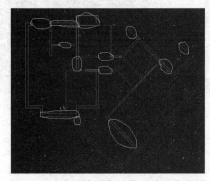

图 2.18 绘制的门窗位置处的闭合曲线

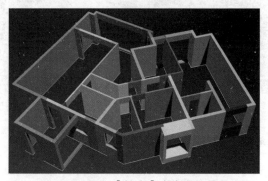

图 2.19 添加【挤出】命令后的效果

步骤 5：绘制闭合曲线，如图 2.20 所示。

步骤 6：给绘制的闭合曲线添加【挤出】命令。【挤出】命令中设置参数值为 500。添加【挤出】命令后的效果如图 2.21 所示。

视频播放： 具体介绍请观看配套视频"任务四：根据 CAD 图纸制作其他墙体.mp4"。

【任务四：根据
CAD 图纸制作
其他墙体】

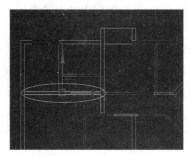

图 2.20　绘制的闭合曲线

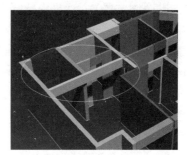

图 2.21　添加【挤出】命令后的效果

任务五：给墙体赋予材质

本任务主要将制作的对象转换为可编辑多边形，将其附加为一个对象并命名为"墙体"，再赋予其材质。具体操作如下。

1. 将对象转换为可编辑多边形，将其附加为一个对象并命名为"墙体"

步骤 1：将鼠标移到场景中任意一个挤出对象上，单击鼠标右键，弹出快捷菜单。在弹出的快捷菜单中单击【转换为】→【转换为可编辑多边形】命令，即可将对象转换为可编辑多边形。

步骤 2：选择转换为可编辑多边形的对象，按键盘上的"5"键，切换到多边形的元素级别。

步骤 3：在【修改】面板中单击【附加】按钮，将鼠标移到场景中依次单击需要附加的对象并命名为"墙体"。附加后的效果如图 2.22 所示。

2. 将渲染器切换到 VRay 渲染器

本项目主要采用 VRay 材质进行贴图，为了得到最佳的表现效果，需要将渲染切换到 VRay 渲染器。具体切换操作步骤如下。

步骤 1：在菜单栏中单击【渲染（R）】→【渲染设置（R）…】命令，弹出【渲染设置】对话框。

步骤 2：在【渲染设置】对话框中将渲染器设置为"V-Ray 6 Update 1.1"，具体设置如图 2.23 所示。

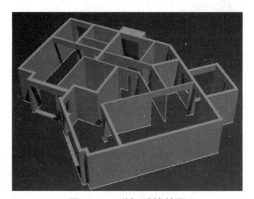

图 2.22　附加后的效果

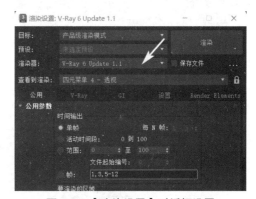

图 2.23　【渲染设置】对话框设置

3. 制作"墙体—白色乳胶漆"材质

乳胶漆材质在室内效果图表现中的使用比较频繁，且乳胶漆材质的表现颜色也比较多。不同颜色的乳胶漆材质的表现方法基本相同，只需修改【漫反射】的颜色即可。以制作"墙体—白色乳胶漆"材质为例，介绍乳胶漆材质的制作方法。具体制作方法如下。

步骤 1：在工具栏中单击【材质编辑器（M）】按钮 或按键盘上的"M"键，弹出【材质编辑器】对话框。在该对话框中单击第 1 个示例球，命名为"墙体—白色乳胶漆"。单击【Standard（Legacy）】按钮，在弹出的【材质／贴图浏览器】对话框中选择【VRayMtl】材质选项，单击【确定】按钮即可将【Standard】材质转换为【VRayMtl】材质。

步骤 2：设置"墙体—白色乳胶漆"材质参数，具体设置如图 2.24 所示。

步骤 3：将材质赋予墙体。在场景中选择"墙体"对象，在弹出的【材质编辑器】对话框中单击【将材质指定给选定对象】按钮，即可将"墙体—白色乳胶漆"材质赋予给"墙体"对象。

> **提示：** 为了增强墙面的真实感，可以给"墙体—白色乳胶漆"材质中的【凹凸】属性添加一张【噪波】贴图，设置凹凸数值为 1 即可。【凹凸】中的【噪波】贴图主要用来模拟墙面凹凸不平的感觉，如果表现干净整洁的墙面，则不用设置【凹凸】参数。

步骤 4：在菜单栏中单击【渲染（R）】→【渲染】命令，可渲染赋予材质的墙体，渲染效果如图 2.25 所示。

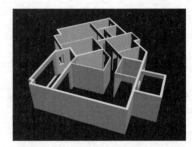

图 2.24　"墙体—白色乳胶漆"参数设置　　　　图 2.25　赋予材质的墙体渲染效果

> **提示：** 在此制作的"墙体—白色乳胶漆"材质不是最终渲染的材质。后期进行灯光设置时，要根据实际情况进行相应参数的调节。

> **视频播放：** 具体介绍请观看配套视频"任务五：给墙体赋予材质.mp4"。

【任务五：给墙体赋予材质】

五、项目小结

本项目主要介绍了客户分析、确定 CAD 图纸、启动 3ds Max 2024、单位设置、导入 CAD 图纸、根据 CAD 图纸制作墙体、给墙体赋予材质。要求重点掌握根据 CAD 图纸制作墙体和"白色乳胶漆"材质的方法与步骤。

六、项目拓展训练

根据前面所学知识，使用提供的拓展训练 CAD 平面图制作墙体，最终效果如图 2.26 所示。

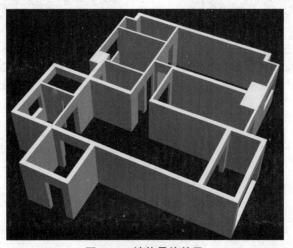

【模型：墙体】

【项目 1：小结和拓展训练】

图 2.26　墙体最终效果

项目 2：门窗制作

一、项目内容简介

本项目主要介绍门窗的制作方法与技巧。

【项目 2：内容简介】

二、项目效果欣赏

三、项目制作流程

四、项目详细过程

项目引入：

（1）制作门模型主要有哪几种方法？
（2）什么是多维子对象材质？
（3）制作木纹烤漆材质的原理是什么？
（4）制作窗户模型主要有哪几种方法？
（5）制作铝塑钢和玻璃材质的原理是什么？

任务一：制作枢轴门模型

在室内效果图表现中，门模型的制作主要有以下几种方法。

方法一：通过建模来完成。

方法二：通过贴图来完成。

方法三：通过调节系统参数来完成。

方法四：通过以上几种方法相结合来完成。

本项目主要通过建模、贴图和调节系统参数来完成。首先，通过调节系统参数制作门框和门扇模型；其次，通过贴图的方法制作门上的装饰，再使用建模的方法制作门的拉手。具体操作步骤如下。

1. 通过调节系统参数制作门的模型

步骤 1：在右侧面板中单击【标准基本体】标签，弹出下拉菜单，单击【门】命令，切换到【门】面板。

步骤 2：在面板中单击【枢轴门】按钮，在【顶视图】中绘制枢轴门，如图 2.27 所示。

步骤 3：调节枢轴门的参数，具体参数如图 2.28 所示。

步骤 4：选择调节好参数的大门，单击状态栏中的【孤立当前选择切换】按钮■，将选择的大门孤立显示。

步骤 5：在【透视图】中调节好角度，单击【渲染当前帧】按钮■。大门的渲染效果如图 2.29 所示。

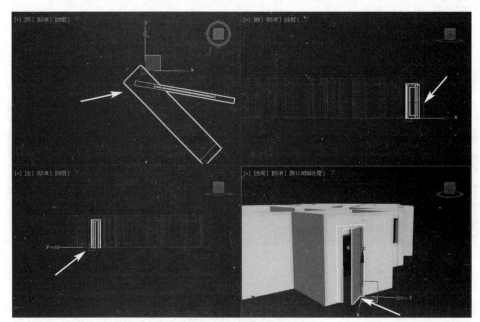

图 2.27　绘制的枢轴门

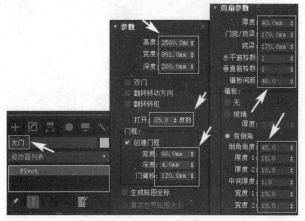

图 2.28　枢轴门的具体参数

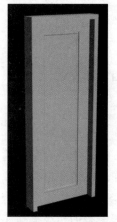

图 2.29　大门的渲染效果

2. 制作门的装饰效果

装饰"福"字效果主要通过【文字】命令和【剖面倒角】命令来制作。具体制作方法如下。

步骤 1：在右侧面板中单击【图形】■→【文本】按钮，在【前视图】中单击需要输入文字的位置或任意位置，并在右侧面板中调节文字参数，文字参数的具体设置如图 2.30 所示。文字在各视图中的位置如图 2.31 所示。

步骤 2：在【顶视图】中绘制一个矩形。矩形效果和参数设置如图 2.32 所示。

步骤 3：将绘制的矩形转换为可编辑样条线。按键盘上的"2"键，进入可编辑样条线的"线段"编辑模式，将多余的线段删除，保留的可编辑样条线如图 2.33 所示。

步骤 4：选择创建的文字，切换到【修改】面板，给文字添加【倒角剖面】命令。在面板中单击【拾取剖面】按钮，在视图中单击创建的可编辑样条线作为文字的倒角剖面线。"福"字的倒角效果如图 2.34 所示。

步骤 5：对倒角剖面的文字进行镜像处理。选择倒角剖面的文字，在工具栏中单击【镜像】按钮■，弹出【镜像】对话框，镜像参数设置和效果如图 2.35 所示。单击【确定】按钮完成镜像。

图 2.30　文字参数的具体设置

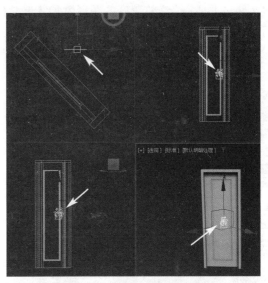

图 2.31　文字在各视图中的位置

图 2.32　矩形效果和参数设置

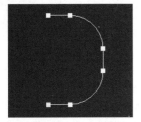

图 2.33　保留的可编辑样条线

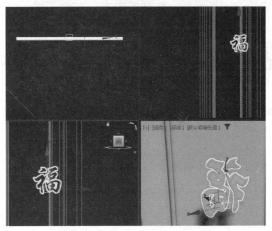

图 2.34　"福"字的倒角效果

步骤 6：在【前视图】中绘制一个 400×400 的矩形，将绘制的矩形旋转 45 度并将其转换为可编辑样条线。按键盘上的"3"键进入样条线编辑模式，在【轮廓】右边的文本框中输入 30，按"Enter"键即可得到一个轮廓为 30 的矩形，如图 2.36 所示。

步骤 7：方法同上，绘制半径为 100 的圆，将其转换为可编辑样条线，轮廓值为 –20。复制两个轮廓后的圆环，并调节好位置。圆环的轮廓效果如图 2.37 所示。

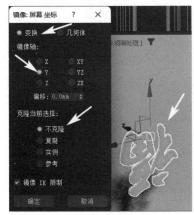

图 2.35　镜像参数设置和效果

图 2.36　轮廓为 30 的矩形

图 2.37　圆环的轮廓效果

步骤 8：方法同上。给轮廓后的图形添加【倒角剖面】命令，为前面的文字拾取剖面。倒角剖面后的效果如图 2.38 所示。

步骤 9：将通过倒角剖面得到的图形转换为可编辑多边形，并附加为一个对象，命名为"门装饰"。再复制一份，命名为"门装饰 01"。转换为可编辑多边形和复制后的效果如图 2.39 所示。

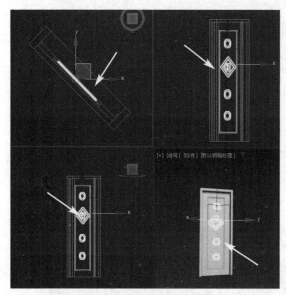

图 2.38　倒角剖面后的效果

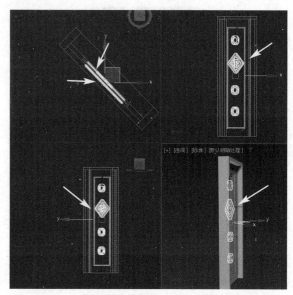

图 2.39　转换为可编辑多边形和复制后的效果

> **提示：** 如果转换为可编辑多边形之后的"门装饰"对象与创建的门不匹配，可以通过【缩放】命令进行放大或缩小。

3. 合并门的不锈钢把手

可以通过合并的方式将门的不锈钢把手合并到场景中。具体操作步骤如下。

步骤 1：在菜单栏中单击【文件（F）】→【导入（I）】→【合并（M）...】命令，弹出【合并文件】对话框，在该对话框选择"门的拉手 .max"文件，单击【打开（O）】按钮，弹出【合并】对话框，如图 2.40 所示。

步骤 2：单击【确定】按钮，即可将选择的"门的拉手"合并到场景中。再对导入的"门的拉手"进行旋转和位置调节。门拉手的位置和效果如图 2.41 所示。

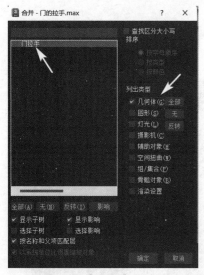

图 2.40　【合并】对话框

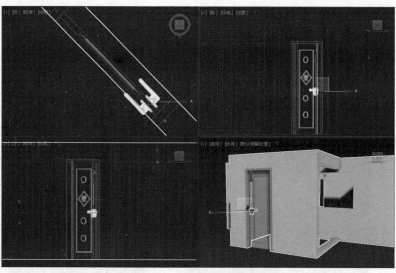

图 2.41　门拉手的位置和效果

步骤 3：选择的对象如图 2.42 所示。在菜单栏中单击【组（G）】→【组（G）...】命令，弹出【组】对话框，如图 2.43 所示。单击【确定】按钮将选定对象组合成一个名为"门"的组。

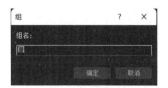

图 2.42　选择的对象　　　　　　　　　　图 2.43　【组】对话框

视频播放：具体介绍请观看配套视频"任务一：制作枢轴门模型.mp4"。

【任务一：制作枢轴门模型】

任务二：制作推拉门模型

推拉门主要采用参数调节来制作。此任务的推拉门是厨房的门，门的中间为玻璃。具体制作方法如下。

步骤 1：在右侧面板中单击【创建】➕→【几何体】◯→【标准基本】，弹出下拉菜单，单击【门】命令，切换到门创建类型。

步骤 2：在面板中单击【推拉门】按钮，在【顶视图】中创建推拉门。"厨房—推拉门"的参数设置如图 2.44 所示，渲染效果如图 2.45 所示。

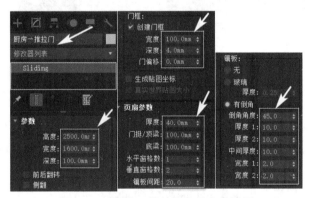

图 2.44　"厨房—推拉门"的参数设置　　　　图 2.45　"厨房—推拉门"的渲染效果

视频播放：具体介绍请观看配套视频"任务二：制作推拉门模型.mp4"。

【任务二：制作推拉门模型】

任务三：给门模型赋予材质

门模型主要用到烤漆木纹、玻璃和不锈钢三种材质。

1. 制作"烤漆木纹 01"材质

步骤 1：在菜单栏中单击【渲染（R）】→【材质编辑器】→【精简材质编辑器...】命令（或按键盘上的"M"键），弹出【材质编辑器】对话框，在该对话框中选择一个示例球并命名为"烤漆木纹 01"。

步骤 2：单击"烤漆木纹 01"右边的【Standard（Legacy）】按钮，弹出【材质／贴图浏览器】对话框，在该对话框中选择【VRayMtl】材质。单击【确定】按钮即可将【Standard（Legacy）】材质切换为【VRayMtl】材质。

步骤 3：单击【漫反射】右边的■按钮，弹出【材质／贴图浏览器】对话框，在该对话框中双击【位图】材质，弹出【选择位图图像文件】对话框，在该对话框中选择"木纹 047"图片。单击【打开（O）】按钮，返回【材质编辑器】对话框。

步骤 4：单击【转到父对象】按钮，返回上一级。"烤漆木纹 01"材质参数设置如图 2.46 所示。

2. 制作"烤漆木纹 02"材质

"烤漆木纹 02"材质的制作方法与"烤漆木纹 01"材质完全相同。只需将漫反射的"木纹 047"图片换成"木纹 017"即可。

3. 制作"不锈钢"材质

步骤 1：在【材质编辑器】对话框中选择一个材质示例球并命名为"不锈钢"。
步骤 2：将"不锈钢"材质切换为【VRayMtl】材质。"不锈钢"材质参数设置如图 2.47 所示。

> **提示：** 在此设置"不锈钢"材质的反射为 100%（纯白色），反射效果可能有点强烈，在后续进行灯光调节时，应根据实际情况适当调低反射值。

步骤 3：将"烤漆木纹 01"材质赋予枢轴门；将"烤漆木纹 02"材质赋予枢轴门的装饰对象；将"不锈钢"材质赋予枢轴门的拉手。赋予材质后的门的渲染效果如图 2.48 所示。

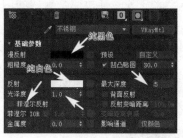

图 2.46　"烤漆木纹 01"材质参数设置　　图 2.47　"不锈钢"材质参数设置　　图 2.48　赋予材质后的门的渲染效果

4. 制作"推拉门材质"

"推拉门材质"主要采用"多维/子对象"材质来完成。在"多维/子对象"材质中包括"压花玻璃"材质和"烤漆木纹"材质。"压花玻璃"材质主要通过混合材质来实现。详细制作步骤如下。

步骤 1：在【材质编辑器】对话框中选择一个示例球，命名为"推拉门材质"。
步骤 2：单击"推拉门材质"右边的【Standard（Legacy）】按钮，弹出【材质/贴图浏览器】对话框，在该对话框中选择【多维/子对象】材质，单击【确定】按钮弹出【替换材质】对话框。在该对话框中选择【丢弃旧材质？】项，再单击【确定】按钮即可将【Standard（Legacy）】材质切换为【多维/子对象】材质。
步骤 3：设置【多维/子对象】材质的数量为 3，给每个材质命名。"推拉门材质"的子材质命名如图 2.49 所示。
步骤 4：制作"烤漆框外"材质。单击"烤漆框外"右边的【无】按钮，弹出【材质/贴图浏览器】对话框，在该对话框中选择【VRayMtl】材质，单击【确定】按钮即可将【Standard（Legacy）】材质切换为【VRayMtl】材质。"烤漆框外"材质参数设置如图 2.50 所示。

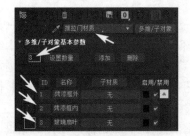
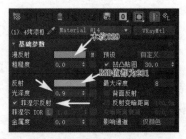

图 2.49　"推拉门材质"的子材质命名　　图 2.50　"烤漆框外"材质参数设置

步骤 5：单击【转到父对象】按钮▓，返回上一级。将鼠标移到【Material #14（VRayMtl）】上，按住鼠标左键不放，移到"烤漆框内"材质上松开，弹出【实例（副本）材质】对话框，如图 2.51 所示。单击【确定】按钮完成材质的实例复制，效果如图 2.52 所示。

步骤 6：单击"玻璃扇叶"右边的【无】按钮，进入"玻璃扇叶"材质参数设置中，将"玻璃扇叶"材质由【Standard（Legacy）】材质切换为【混合】材质，再将"材质 1"和"材质 2"切换为【VRayMtl】材质。混合材质效果如图 2.53 所示。

步骤 7：给"遮罩"添加一张名为"yahua01"的黑白图片作为遮罩，添加的黑白遮罩如图 2.54 所示。

图 2.51　【实例（副本）材质】对话框

图 2.52　实例复制的效果

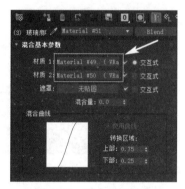

图 2.53　混合材质效果

图 2.54　添加的黑白遮罩

步骤 8：设置"材质 1"和"材质 2"的参数，如图 2.55 所示。

步骤 9：将材质赋予"厨房—推拉门"，并给它添加一个【UVW 贴图】命令，参数设置如图 2.56 所示。

步骤 10：渲染"厨房—推拉门"，效果如图 2.57 所示。

图 2.55　"材质 1"和"材质 2"的参数设置

图 2.56 【UVW 贴图】参数设置

图 2.57 "厨房—推拉门"的渲染效果

视频播放：具体介绍请观看配套视频"任务三：给门模型赋予材质.mp4"。

【任务三：给门
模型赋予材质】

任务四：制作窗户模型

窗户模型的制作比较简单，也采用传统参数调节的方式。具体操作如下。

步骤 1：在右侧面板中单击【创建】➕→【几何体】→【标准基本体】→【窗】命令，切换到创建窗对象类型。

步骤 2：在【窗】面板中单击【推拉窗】按钮，在【顶视图】中创建推拉窗，将创建的推拉窗命名为"阳台推拉窗"，参数设置如图 2.58 所示。

步骤 3：对"阳台推拉窗"进行渲染，效果如图 2.59 所示。

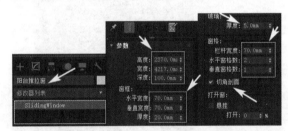

图 2.58 "阳台推拉窗"参数设置

图 2.59 "阳台推拉窗"渲染效果

视频播放：具体介绍请观看配套视频"任务四：制作窗户模型.mp4"。

【任务四：制作
窗户模型】

任务五：给窗户模型赋予材质

窗户材质也是通过"多维/子对象"材质来实现的。在"多维/子对象"材质中包括两个"铝合金"材质和一个"透明玻璃"材质。具体操作方法如下。

步骤 1：打开【材质编辑器】，选择一个实例球并命名为"推拉窗材质"。将材质切换为【多维/子对象】材质，子对象数量设置为 3，并为每一个材质球命名。创建的【多维/子对象】材质参数如图 2.60所示。

步骤 2：将"铝合金 01"材质和"玻璃 01"切换为【VRayMtl】材质，切换后的效果如图 2.61 所示。

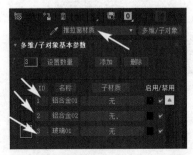

图 2.60 【多维/子对象】材质参数

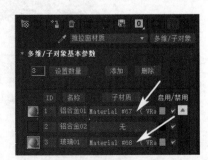

图 2.61 切换为【VRayMtl】材质后的效果

步骤 3：设置"铝合金 01"材质的参数，如图 2.62 所示。

步骤 4：给"铝合金 01"材质的【凹凸】属性添加一张名为"金属 103"的贴图。凹凸贴图参数设置如图 2.63 所示。

图 2.62　"铝合金 01"材质参数设置

图 2.63　凹凸贴图参数设置

步骤 5：给创建的"阳台推拉窗"添加"UVW 贴图"命令。UVW 贴图参数设置如图 2.64 所示。

步骤 6：将"铝合金 01"材质以实例方式复制给"铝合金 02"材质。

步骤 7：设置"玻璃 01"材质的参数，如图 2.65 所示。

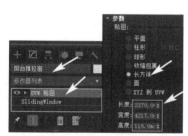

图 2.64　UVW 贴图参数设置

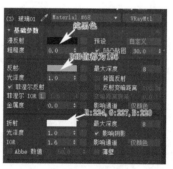

图 2.65　"玻璃 01"材质参数设置

步骤 8：单击【渲染当前帧】按钮💢，对赋予材质的"阳台推拉窗"进行渲染，效果如图 2.66 所示。

提示：其他门窗的制作方法与前面介绍的方法完全相同，只是大小、形状上的区别，在此就不再详细介绍。添加其他门窗后的效果如图 2.67 所示。

图 2.66　"阳台推拉窗"的渲染效果

图 2.67　添加其他门窗后的效果

视频播放：具体介绍请观看配套视频"任务五：给窗户模型赋予材质.mp4"。

【任务五：给窗户模型赋予材质】

五、项目小结

本项目主要介绍了门窗模型的制作和材质的赋予。要求重点掌握门窗中木纹材质、铝合金材质、玻璃材质的制作方法、步骤和相关参数的设置。

【模型：门窗】

六、项目拓展训练

根据前面所学知识，为项目 1 拓展训练中制作的墙、门、窗赋予材质，最终效果如图 2.68 所示。

【项目2：小结和拓展训练】

图 2.68　最终效果

项目 3：地面制作

【项目3：内容简介】

一、项目内容简介

本项目主要介绍地面制作的方法与步骤。

二、项目效果欣赏

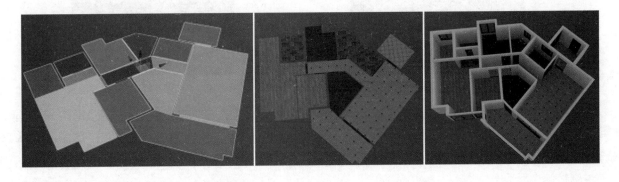

三、项目制作流程

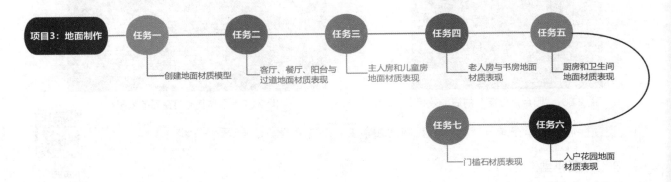

项目3：地面制作 —— 任务一 —— 任务二 —— 任务三 —— 任务四 —— 任务五

创建地面材质模型　　客厅、餐厅、阳台与过道地面材质表现　　主人房和儿童房地面材质表现　　老人房与书房地面材质表现　　厨房和卫生间地面材质表现

任务七 —— 任务六

门槛石材质表现　　入户花园地面材质表现

四、项目详细过程

项目引入：

（1）瓷砖地面的制作原理是什么？

（2）木地板地面的制作原理是什么？

（3）瓷砖有哪些特性？

（4）木地板有哪些特性？

任务一：创建地面材质模型

创建地面材质模型的方法比较简单，主要通过将闭合曲线转换为可编辑多边形的方法来制作。具体操作方法如下。

步骤 1：开启 2.5 维捕捉开关，在右侧面板中单击【创建】❖→【图形】❖→【线】按钮，在【前视图】中沿入户花园的墙线绘制闭合曲线。

步骤 2：将绘制的闭合曲线命名为"入户花园地面"。

步骤 3：将"入户花园地面"闭合曲线转换为可编辑多边形。将鼠标移到绘制的闭合曲线上，单击鼠标右键，弹出快捷菜单，单击【转换为】→【转换为可编辑多边形】命令即可将绘制的闭合曲线转换为可编辑多边形。"入户花园地面"模型如图 2.69 所示。在面板中的显示效果如图 2.70 所示。

> **提示**：在开启 2.5 维捕捉之前，绘制闭合曲线时，需要设置捕捉类型。将鼠标移到【捕捉开关】按钮❷上，单击鼠标右键，弹出【栅格和捕捉设置】对话框，根据捕捉需要进行设置，设置完毕单击【×】按钮关闭即可。

步骤 4：方法同上。创建其他地面的模型，如图 2.71 所示。

图 2.69　"入户花园地面"模型

图 2.70　面板中的显示效果

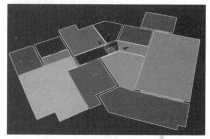

图 2.71　创建的地面模型

步骤 5：选中所有地面模型，在菜单栏中单击【组（G）】→【组（G）…】命令，弹出【组】对话框，在该对话框中输入"地面"，单击【确定】按钮即可将所有选中的地面合成为一个名为"地面"的组。

> **视频播放**：具体介绍请观看配套视频"任务一：创建地面材质模型.mp4"。

【任务一：创建地面材质模型】

任务二：客厅、餐厅、阳台、过道地面材质表现

地面材质主要有瓷砖材质、木地板材质、微晶石材质、大理石材质。

步骤 1：打开【材质编辑器】，单击一个空白示例球，将其命名为"地板瓷砖材质"。

步骤 2：将该"地板瓷砖材质"由【Standard（Legacy）】材质切换为【VRayMtl】材质。

步骤 3：给【漫反射】属性添加一张名为"瓷砖 13"的图片贴图。"地板瓷砖材质"参数设置如图 2.72 所示。

步骤 4：将"地板瓷砖材质"赋予"客厅地面"对象。给"客厅地面"对象添加一个【UVW 贴图】命令，展开【UVW 贴图】命令子对象，在子对象层级中选择【Gizmo】项，在【顶视图】中使用【旋转工具】工具❷和【移动工具】工具❖将【Gizmo】旋转 45 度后，再移动到合适位置即可。【UVW 贴图】命令参数设置如图 2.73 所示。添加贴图后的渲染效果如图 2.74 所示。

步骤 5：将"地板瓷砖材质"赋予"过道地面 01""过道地面 02""阳台地面"对象，依次给它们添加【UVW 贴图】命令，参数设置也如图 2.73 所示，依次对【UVW 贴图】命令的【Gizmo】进行移动和旋转，最终效果如图 2.75 所示。

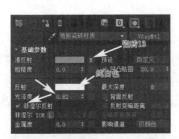

图 2.72 "地板瓷砖材质"参数设置

图 2.73 【UVW 贴图】命令参数设置

图 2.74 添加贴图后的渲染效果

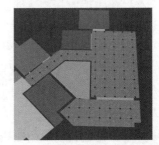

图 2.75 添加"地板瓷砖材质"的效果

视频播放：具体介绍请观看配套视频"任务二：客厅、餐厅、阳台、过道地面材质表现.mp4"。

【任务二：客厅、餐厅、阳台、过道地面材质表现】

任务三：主人房和儿童房地面材质表现

主人房和儿童房地面使用浅色仿木地板。具体制作方法如下。

步骤 1：打开【材质编辑器】，单击一个空白示例球，将其命名为"浅色仿木地板"。

步骤 2：将该"浅色仿木地板"材质由【Standard（Legacy）】材质切换为【VRayMtl】材质。

步骤 3：给【漫反射】属性添加一张名为"木板 029"的图片贴图。"浅色仿木地板"的具体参数设置如图 2.76 所示。

步骤 4：依次给添加"浅色仿木地板"材质的对象添加【UVW 贴图】命令，具体参数设置如图 2.77 所示。

步骤 5：依次对【UVW 贴图】命令的【Gizmo】进行移动和旋转。添加"浅色仿木地板"材质的渲染效果如图 2.78 所示。

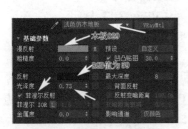

图 2.76 "浅色仿木地板"
的具体参数设置

图 2.77 【UVW 贴图】命令
的具体参数设置

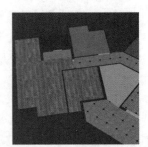

图 2.78 "浅色仿木地板"材质的
渲染效果

视频播放：具体介绍请观看配套视频"任务三：主人房和儿童房地面材质表现.mp4"。

【任务三：主人房和儿童房地面材质表现】

任务四：老人房与书房地面材质表现

老人房与书房地面使用深色仿木地板。具体制作方法如下。

步骤 1：打开【材质编辑器】，单击一个空白示例球，将其命名为"深色仿木地板"。

步骤 2：将该"深色仿木地板"材质由【Standard（Legacy）】材质切换为【VRayMtl】材质。

步骤 3：给【漫反射】属性添加一张名为"木板 062"的图片贴图。"深色仿木地板"的具体参数设置如图 2.79 所示。

步骤 4：依次给添加"深色仿木地板"材质的对象添加【UVW 贴图】命令，具体参数设置如图 2.80 所示。

步骤 5：依次对【UVW 贴图】命令的【Gizmo】进行移动和旋转，"深色仿木地板"材质的渲染效果如图 2.81 所示。

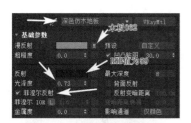

图 2.79　"深色仿木地板"的具体参数设置

图 2.80　【UVW 贴图】命令的具体参数设置

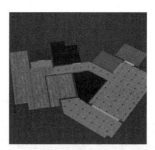

图 2.81　"深色仿木地板"材质的渲染效果

视频播放：具体介绍请观看配套视频"任务四：老人房与书房地面材质表现.mp4"。

【任务四：老人房与书房地面材质表现】

任务五：厨房和卫生间地面材质表现

厨房和卫生间地面比较容易脏，通常采用深色仿古的瓷砖作为地面材质。具体制作方法如下。

步骤 1：打开【材质编辑器】，单击一个空白示例球，将其命名为"仿古地面材质"。

步骤 2：将该"仿古地面材质"材质由【Standard（Legacy）】材质切换为【VRayMtl】材质。

步骤 3：给【漫反射】属性添加一张名为"仿古砖 03"的图片贴图。"仿古地面材质"的具体参数设置如图 2.82 所示。

步骤 4：将"仿古地面材质"赋予"厨房地面""厕所地面""主人房卫生间地面"对象。

步骤 5：依次给添加"仿古地面材质"材质的对象添加【UVW 贴图】命令，具体参数设置如图 2.83 所示。

步骤 6：依次对【UVW 贴图】命令的【Gizmo】进行移动和旋转，"仿古地面材质"的渲染效果如图 2.84 所示。

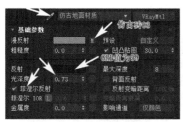

图 2.82　"仿古地面材质"的具体参数设置

图 2.83　【UVW 贴图】命令的具体参数设置

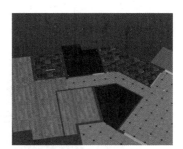

图 2.84　"仿古地面材质"的渲染效果

视频播放： 具体介绍请观看配套视频"任务五：厨房和卫生间地面材质表现.mp4"。

【任务五：厨房和卫生间地面材质表现】

任务六：入户花园地面材质表现

入户花园地面决定入门的第一印象，在材质挑选上需要慎重考虑。根据与客户的交流，挑选浅色的瓷砖。具体制作方法如下。

步骤 1：打开【材质编辑器】，单击一个空白示例球，将其命名为"入户花园瓷砖"。

步骤 2：将该"入户花园瓷砖"材质由【Standard（Legacy）】材质切换为【VRayMtl】材质。

步骤 3：给【漫反射】属性添加一张名为"瓷砖 10"的图片贴图。"入户花园瓷砖"的具体参数设置如图 2.85 所示。

步骤 4：将"入户花园瓷砖"赋予"入户花园地面"对象。

步骤 5：给添加"入户花园瓷砖"的对象添加【UVW 贴图】命令，具体参数设置如图 2.86 所示。

步骤 6：对【UVW 贴图】命令的【Gizmo】进行移动和旋转，"入户花园地面"材质的渲染效果如图 2.87 所示。

图 2.85 "入户花园瓷砖"的具体参数设置

图 2.86 【UVW 贴图】命令的具体参数设置

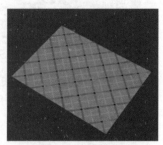
图 2.87 "入户花园地面"材质的渲染效果

视频播放： 具体介绍请观看配套视频"任务六：入户花园地面材质表现.mp4"。

【任务六：入户花园地面材质表现】

任务七：门槛石材质表现

门槛石是分割室内相邻空间的主要元素，在这里主要采用深绿色材质进行分割。具体制作方法如下。

步骤 1：打开【材质编辑器】，单击一个空白示例球，将其命名为"门槛石材质"。

步骤 2：将该"门槛石材质"由【Standard（Legacy）】材质切换为【VRayMtl】材质。

步骤 3：给【漫反射】属性添加一张名为"石材 105"的图片贴图。"门槛石材质"的具体参数设置如图 2.88 所示。

步骤 4：将"门槛石材质"赋予各个门槛石对象。

步骤 5：依次给添加"门槛石材质"的对象添加【UVW 贴图】命令，具体参数设置如图 2.89 所示。

步骤 6：对【UVW 贴图】命令的【Gizmo】进行移动和旋转，"门槛石材质"的渲染效果如图 2.90 所示，地面和门槛石的最终渲染效果如图 2.91 所示。

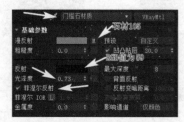
图 2.88 "门槛石材质"的具体参数设置

图 2.89 【UVW 贴图】命令的具体参数设置

图 2.90　"门槛石材质"的渲染效果

图 2.91　地面和门槛石的最终渲染效果

视频播放： 具体介绍请观看配套视频"任务七：门槛石材质表现.mp4"。

【任务七：门槛石材质表现】

五、项目小结

本项目主要介绍了地面材质的创建和具体参数调节。要求重点掌握大理石材质和仿木地板材质的制作方法、步骤和具体参数调节。

六、项目拓展训练

【项目 3：小结和拓展训练】

根据前面所学知识给项目 1 和项目 2 中已完成的墙体和门窗模型制作地面并赋予材质。最终效果如图 2.92 所示。

图 2.92　最终效果

第3章

家具、家电、装饰物模型设计

技能点

项目1：沙发模型的制作。

项目2：茶几模型的制作。

项目3：液晶电视模型的制作。

项目4：电视柜模型的制作。

项目5：隔断模型的制作。

项目6：餐桌椅模型的制作。

项目7：酒柜模型的制作。

项目8：装饰物模型的制作。

说明

本章主要通过8个项目全面介绍客厅、餐厅、阳台及其装饰物模型的制作方法、步骤。

教学建议课时数

一般情况下需要20课时，其中理论6课时，实际操作14课时（特殊情况下可做相应调整）。

【第3章　内容简介】

现在比较流行的住房格局是将餐厅、客厅、阳台连接在一起作为一个整体，并通过各种家具进行分割。为了达到理想的表现效果，在这里对客厅、餐厅、阳台进行统一表现。在设计过程中，不仅要注重设计方案的创新性，还要重视环境保护，致力于实现"绿色、循环、低碳发展"，响应党的二十大报告中关于推动绿色发展的号召。

项目 1：沙发模型的制作

一、项目内容简介

本项目主要介绍沙发模型的制作方法、步骤。

二、项目效果欣赏

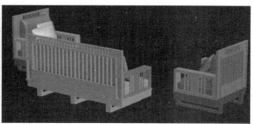

三、项目制作流程

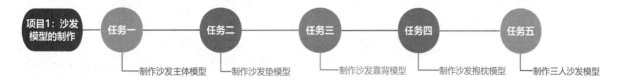

四、项目详细过程

项目引入：

（1）沙发的常用尺寸是多少？

（2）单人沙发和三人沙发的尺寸分别是多少？

（3）怎样导入 CAD 图纸？

（4）怎样使用【挤出】【连接】【涡轮平滑】命令？

制作沙发模型的主要方法是根据 CAD 图纸，使用二维曲线绘制闭合曲线，然后将绘制的闭合曲线转化为三维实体模型，再对三维实体模型进行编辑即可。

任务一：制作沙发主体模型

本任务以制作单人沙发主体模型为例，详细介绍沙发模型的制作方法、步骤。在制作沙发主体模型之前先观察 CAD 图纸（图 3.1），了解沙发的尺寸和结构，再根据 CAD 图纸进行建模。具体操作如下。

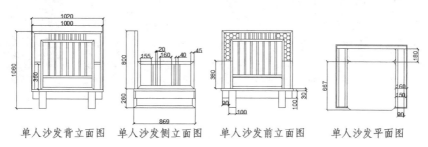

单人沙发背立面图　　单人沙发侧立面图　　单人沙发前立面图　　单人沙发平面图

图 3.1　单人沙发 CAD 图纸

提示： 在制作之前，用 CAD 软件打开沙发 CAD 图纸，详细了解沙发的尺寸和结构。

1. 新建文件和单位设置

步骤 1：启动 3ds Max 2024 软件，新建"沙发模型 .max"文件。

步骤 2：设置单位。将单位设置为毫米，具体操作请参考前面章节的讲解。

2. 导入沙发的 CAD 图纸

步骤 1：导入 CAD 图纸。在菜单栏中单击【文件（F）】→【导入（I）】→【导入（I）...】命令，弹出【选择要导入的文件】对话框，在该对话框中选择需要导入的 CAD 文件，在此选择"沙发背立面图 .dwg"文件，单击【打开（O）】按钮，弹出【AotoCAD DWG/DXF 导入选项】对话框，此对话框采用默认设置，单击【确定】按钮即可将选择的 CAD 图纸导入场景中。

步骤 2：使用【选择并旋转】工具 C 结合【角度捕捉切换】按钮 ，将导入的图纸旋转 90 度。导入并旋转后的 CAD 图纸如图 3.2 所示。

步骤 3：方法同上。将沙发的前立面图、侧立面图、平面图导入场景中并进行旋转和位置调节。导入的各种图纸如图 3.3 所示。

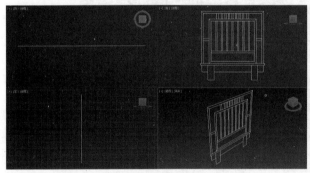
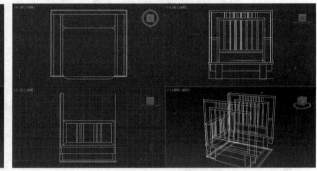

图 3.2 导入并旋转后的 CAD 图纸　　　　　　　　图 3.3 导入的各种图纸

提示： 在制作过程中，沙发的前立面图和背立面图可以根据制作需要进行隐藏和显示操作。

3. 制作沙发靠背

步骤 1：绘制闭合曲线。打开捕捉开关，在【创建】面板中单击【图形】 →【线】按钮，在【前视图】中绘制闭合曲线，如图 3.4 所示。

步骤 2：方法同上。继续绘制闭合曲线，如图 3.5 所示。

步骤 3：给绘制的闭合曲线添加【挤出】命令。选择一条闭合曲线，在【修改】面板中单击【修改器列表】→【挤出】命令。设置挤出参数，如图 3.6 所示。挤出效果如图 3.7 所示。

图 3.4 绘制的闭合曲线　　图 3.5 继续绘制的闭合曲线　　图 3.6 挤出参数　　图 3.7 挤出效果

步骤 4：方法同上。依次对绘制的闭合曲线进行挤出。最终挤出效果如图 3.8 所示。

步骤 5：方法同上。再绘制 4 条闭合曲线，添加【挤出】命令，挤出量为 20mm，前对齐，4 条闭合曲线的挤出效果如图 3.9 所示。

步骤 6：转换为可编辑多边形。任意选中一个挤出对象，单击鼠标右键，在弹出的快捷菜单中单击【转换为：】→【转换为可编辑多边形】命令，即可将选中的对象转换为可编辑多边形。

步骤 7：对挤出对象进行附加操作。选择转换为可编辑多边形的对象，在【修改】面板中单击【附加】按钮，在场景中依次单击需要附加的对象，将附加后的对象命名为"沙发靠背"，效果如图 3.10 所示。

图 3.8　最终挤出效果

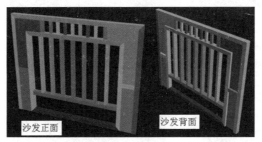

图 3.9　4 条闭合曲线的挤出效果

图 3.10　附加后的效果

4. 制作沙发侧面

沙发侧面的制作方法同沙发靠背的制作方法完全相同——对绘制的闭合曲线进行挤出，将挤出对象转换为可编辑多边形并对其他挤出对象进行附加操作。具体操作步骤如下。

步骤 1：绘制闭合曲线。打开捕捉开关，在【创建】面板中单击【图形】◙→【线】按钮，在【左视图】中绘制闭合曲线，如图 3.11 所示。

步骤 2：给绘制的闭合曲线添加【挤出】命令。挤出的沙发左侧效果如图 3.12 所示。

步骤 3：将挤出的对象转换为可编辑对象，并附加成一个对象，将附加的对象命名为"沙发左侧"。

步骤 4：使用【镜像】⏸命令，对"沙发左侧"进行镜像复制，并命名为"沙发右侧"，效果如图 3.13 所示。

图 3.11　绘制的闭合曲线

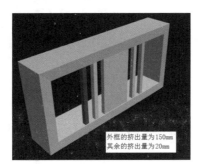

图 3.12　挤出的沙发左侧效果

图 3.13　镜像出的沙发右侧效果

5. 制作沙发底座

沙发底座的制作方法也与沙发靠背的制作方法完全相同，具体操作步骤如下。

步骤 1：绘制闭合曲线。打开捕捉开关，在【创建】面板中单击【图形】◙→【线】按钮，在【顶视图】中绘制闭合曲线，如图 3.14 所示。

步骤 2：给绘制的闭合曲线添加【挤出】命令，挤出量为 30mm。

步骤 3：继续绘制闭合曲线，如图 3.15 所示，并添加【挤出】命令，挤出量为 100mm。复制一份挤出的对象，调节好位置，效果如图 3.16 所示。

步骤 4：继续绘制两条闭合曲线，如图 3.17 所示。

步骤 5：给绘制的闭合曲线添加【挤出】命令，挤出量为 20mm，并复制一份挤出的对象，调节好位置，效果如图 3.18 所示。

步骤 6：将沙发底座中挤出的任意一个对象转换为可编辑多边形，再将其他对象附加成一个对象，将附加完之后的对象命名为"沙发底座"。沙发底座效果如图 3.19 所示。

图 3.14　绘制的闭合曲线

图 3.15　继续绘制的闭合曲线

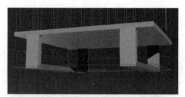

图 3.16　挤出并复制的效果（1）

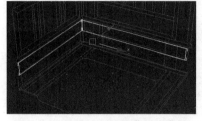

图 3.17　继续绘制的两条闭合曲线

图 3.18　挤出并复制的效果（2）

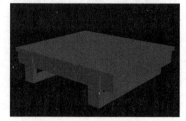

图 3.19　沙发底座效果

步骤 7：进行群组操作。在场景中选择"沙发靠背""沙发左侧""沙发右侧""沙发底座"，在菜单栏中单击【组（G）】→【组（G）…】命令，弹出【组】对话框，在该对话框中输入"单人沙发"。【组】对话框参数设置如图 3.20 所示。单击【确定】按钮完成组操作。单人沙发的前后效果如图 3.21 所示。

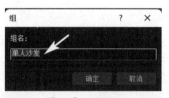

图 3.20　【组】对话框参数设置

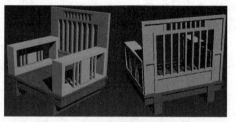

图 3.21　单人沙发的前后效果

视频播放：具体介绍请观看配套视频"任务一：制作沙发主体模型.mp4"。

【任务一：制作
沙发主体模型】

任务二：制作沙发垫模型

沙发垫模型的制作原理是对绘制的二维闭合曲线进行挤出，将挤出的三维对象转换为可编辑多边形。根据实际要求对可编辑模型进行编辑和添加【涡轮平滑】命令，对其进行平滑处理。具体操作方法如下。

1. 绘制二维闭合曲线并挤出三维模型

步骤 1：绘制闭合曲线。在右侧面板中单击【创建】╋→【图形】◎→【线】按钮，在【顶视图】中绘制闭合曲线，如图 3.22 所示。将闭合曲线命名为"沙发坐垫"。

步骤 2：对绘制的闭合曲线进行【挤出】，挤出的数量为 150mm。挤出效果如图 3.23 所示。

步骤 3：将挤出的"沙发坐垫"转换为可编辑多边形。将鼠标移到挤出的对象上，单击鼠标右键，弹出快捷菜单，单击【转换为：】→【转换为可编辑多边形】命令即可。

步骤 4：对点进行连接。按键盘上的"1"键进入"沙发坐垫"的点编辑层级，选择的点如图 3.24 所示。

步骤 5：在右侧的面板中单击【连接】按钮，即可将选择的两个点进行连接。连接后的效果如图 3.25 所示。

步骤 6：方法同上。与其他的点进行连接的效果如图 3.26 所示。

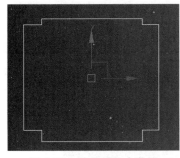

图 3.22　绘制的闭合曲线

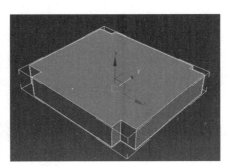

图 3.23　挤出效果

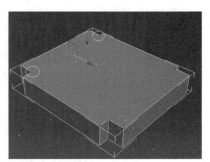

图 3.24　选择的点

图 3.25　连接后的效果

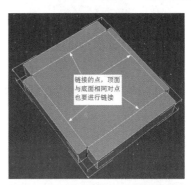

图 3.26　与其他点进行连接的效果

2. 对边进行连接并添加【涡轮平滑】命令

步骤 1：连接边。按键盘上的"2"键，进入【边】◁编辑模式，选择需要连接的边，如图 3.27 所示。单击【连接】右侧的【设置】按钮▣，弹出动态参数设置框，连接参数如图 3.28 所示。单击✔按钮完成连接，连接后的效果如图 3.29 所示。

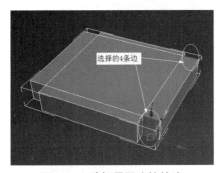

图 3.27　选择需要连接的边

图 3.28　连接参数

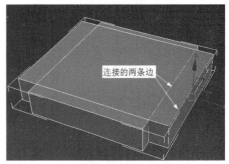

图 3.29　连接后的效果

步骤 2：方法同上。继续对边进行连接。最终连接效果如图 3.30 所示。

步骤 3：按键盘上的"1"键，进入点编辑模式，调节中间点的位置，如图 3.31 所示。

图 3.30　最终连接效果

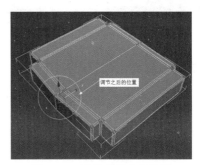

图 3.31　调节中间点的位置

步骤 4：添加【涡轮平滑】修改命令。在右侧面板中单击【修改】☑→【修改器列表】按钮，弹出下拉菜单，选择【涡轮平滑】命令，弹出【涡轮平滑】面板，其参数设置如图 3.32 所示。

步骤 5：将"沙发垫"模型转换为可编辑多边形。将鼠标移到"沙发垫"模型上单击鼠标右键，弹出快捷菜单，单击【转换为：】→【转换为可编辑多边形】命令即可。转换为可编辑多边形之后的效果如图 3.33 所示。

图 3.32 【涡轮平滑】面板参数设置

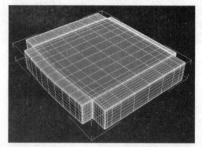

图 3.33 转换为可编辑多边形之后的效果

3. 利用边创建图形

步骤 1：进入"沙发垫"模型的边编辑模式。选择的两条循环边如图 3.34 所示。

步骤 2：在右侧面板中单击【利用所选内容创建图形】按钮，弹出【创建图形】对话框，具体参数设置如图 3.35 所示。

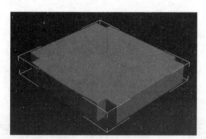

图 3.34 选择的两条循环边

图 3.35 【创建图形】对话框参数设置

步骤 3：单击【确定】按钮，即可创建两个闭合的循环图形。

步骤 4：选择创建的图形，在右侧面板中设置渲染参数。图形参数设置如图 3.36 所示，设置渲染参数后的效果如图 3.37 所示。退出孤立模式，退出孤立模式后的整体效果如图 3.38 所示。

图 3.36 图形参数设置

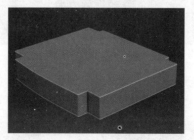

图 3.37 设置渲染参数后的效果

图 3.38 退出孤立模式后的整体效果

视频播放：具体介绍请观看配套视频"任务二：制作沙发垫模型.mp4"。

【任务二：制作
沙发垫模型】

任务三：制作沙发靠背模型

沙发靠背模型的制作原理是创建一个基本几何体，将其转换为可编辑多边形，对可编辑多边形添加【涡轮平滑】命令，再转换为可编辑多边形，最后利用边创建图形。具体操作步骤如下。

1. 创建基本几何体并根据要求进行编辑

步骤 1：创建一个长方形基本体。在面板中单击【创建】➕→【几何体】〇→【长方体】按钮，在【顶视图】中绘制一个长方体并命名为"沙发靠背"。创建的几何体参数设置如图 3.39 所示。

步骤 2：将"沙发靠背"转换为可编辑多边形。将鼠标移到"沙发靠背"的对象上，单击鼠标右键，弹出快捷菜单，单击【转换为：】→【转换为可编辑多边形】命令即可。

步骤 3：对边进行连接。按键盘上的"2"键，进入边编辑模式。选择需要连接的边，单击【连接】右边的【设置】按钮▣，弹出【连接边】设置对话框。参数设置和连接的边如图 3.40 所示，单击▢按钮完成连接。

步骤 4：方法同上。继续连接边，效果如图 3.41 所示。

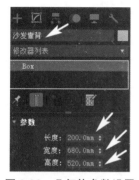

图 3.39　几何体参数设置

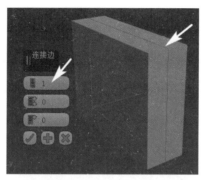

图 3.40　参数设置和连接的边

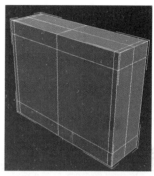

图 3.41　连接边后的效果

步骤 5：调节点。按键盘上的"1"键进入点编辑模式，对点进行调节。调节点后的效果如图 3.42 所示。

步骤 6：给调节点后的"沙发靠背"添加一个【涡轮平滑】命令，具体参数设置如图 3.43 所示，添加【涡轮平滑】命令后的效果如图 3.44 所示。

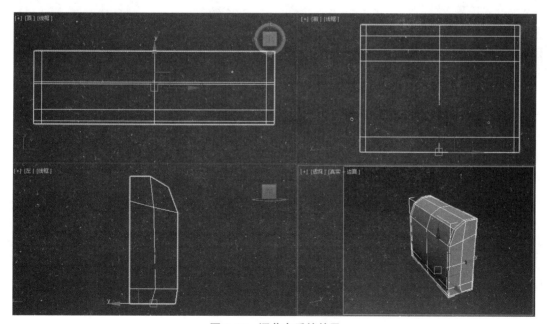

图 3.42　调节点后的效果

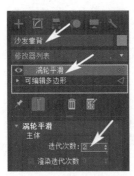

图 3.43 【涡轮平滑】
参数设置

图 3.44 添加【涡轮平滑】
命令后的效果

2. 制作沙发靠背的收边线

步骤 1：将"沙发靠背"再次转换为可编辑多边形。将鼠标移到"沙发靠背"的对象上，单击鼠标右键，弹出快捷菜单，单击【转换为：】→【转换为可编辑多边形】命令即可。

步骤 2：创建图形。按键盘上的"2"键，进入"沙发靠背"的边编辑模式，选择循环边，选择的 2 条循环边如图 3.45 所示。

步骤 3：在【修改】面板中单击【利用所选内容创建图形】按钮，弹出【创建图形】对话框，如图 3.46 所示。单击【确定】按钮完成图形线的创建。

步骤 4：确保刚创建的图形被选中，设置【渲染】参数。创建图形的渲染参数如图 3.47 所示。设置【渲染】参数后的效果如图 3.48 所示。

步骤 5：选择"沙发靠背"和"沙发靠背收边线"，将其合成一个组，组名为"沙发靠背"。沙发的最终效果如图 3.49 所示。

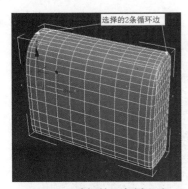

图 3.45 选择的两条循环边

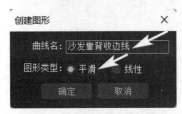

图 3.46 【创建图形】对话框

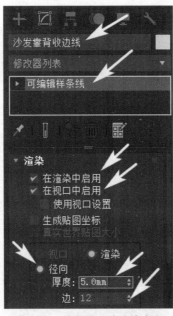

图 3.47 创建图形的渲染参数

图 3.48 设置【渲染】参数后的效果

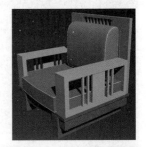

图 3.49 沙发的最终效果

视频播放： 具体介绍请观看配套视频"任务三：制作沙发靠背模型.mp4"。

【任务三：制作
沙发靠背模型】

任务四：制作沙发抱枕模型

抱枕模型的制作方法是先创建基本几何体，然后将基本几何体转换为可编辑多边形，接着调节可编辑多边形的形态使其与抱枕形态基本一致，添加【涡轮平滑】命令，再转换为可编辑多边形。创建抱枕的收边线图形并设置收边线的渲染参数。具体操作步骤如下。

1. 创建抱枕的基本形态

步骤 1：创建基本几何体。在右侧面板中单击【创建】■→【几何体】■→【长方体】按钮，在【顶视图】中绘制一个长方体并命名为"抱枕"。参数设置与效果如图 3.50 所示。

步骤 2：将"抱枕"转换为可编辑多边形。将鼠标移到"抱枕"对象上，单击鼠标右键，弹出快捷菜单，单击【转换为】→【转换为可编辑多边形】命令即可。

步骤 3：连接边。具体操作请参考前面连接边的详细介绍。连接边后的效果如图 3.51 所示。

步骤 4：调节顶点。按键盘上的"1"键进入顶点编辑模式。在面板中设置【软选择】参数，如图 3.52 所示。

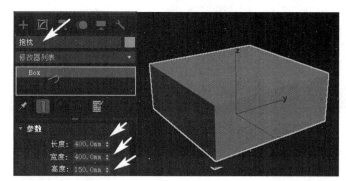

图 3.50　参数设置与效果

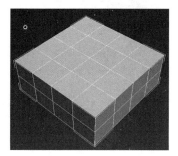

图 3.51　连接边后的效果

图 3.52　【软选择】参数

步骤 5：缩放顶点。在【顶视图】中选择中间两行顶点，进行缩放操作。缩放操作后的效果如图 3.53 所示。

步骤 6：在面板中设置【软选择】参数，具体参数设置如图 3.54 所示。在【顶视图】中选择最外围的顶点，进行缩放操作。缩放操作后的效果如图 3.55 所示。

步骤 7：给"抱枕"添加【涡轮平滑】命令。"迭代次数"参数设置为 2。添加【涡轮平滑】后的效果如图 3.56 所示。

步骤 8：将"抱枕"模型再次转换为可编辑多边形。

步骤 9：在右侧面板中单击【绘制变形】参数下的【推/拉】按钮，设置【绘制变形】的参数，如图 3.57 所示。

步骤 10：在【透视图】中将鼠标移到"抱枕"需要推拉的表面上，按住鼠标左键不放进行移动，即可进行推拉操作。完成后松开鼠标左键，继续对其他需要推拉的地方进行推拉操作。达到要求后单击【绘图变形】参数中的【提交】按钮完成推拉操作。进行推拉后的效果图 3.58 所示。

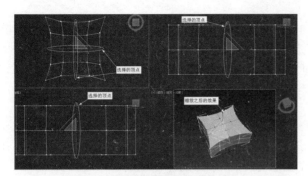

图 3.53　缩放操作后的效果（1）

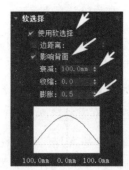

图 3.54　【软选择】参数设置

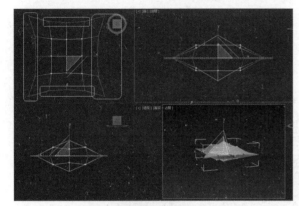

图 3.55　缩放操作后的效果（2）

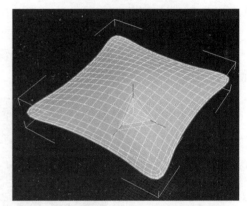

图 3.56　添加【涡轮平滑】后的效果

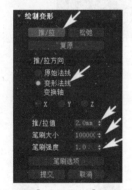

图 3.57　【绘制变形】参数设置

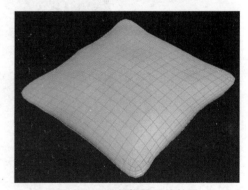

图 3.58　进行推拉后的效果

2. 利用所选边创建图形

步骤 1：选择循环边。选择"抱枕"对象，按键盘上的"2"键进入边编辑模式。选择的循环边如图 3.59 所示。

步骤 2：创建"抱枕"的收边。在面板中单击【利用所选内容创建图形】按钮，弹出【创建图形】对话框，如图 3.60 所示。单击【确定】按钮即可。

步骤 3：设置创建图形的渲染参数。选择创建的图形，在面板中设置渲染参数，如图 3.61 所示。抱枕的最终效果如图 3.62 所示。

步骤 4：选择"抱枕"和"抱枕收边"模型，将其合成组，组名为"抱枕"。

步骤 5：复制一个"抱枕"并进行移动、旋转操作。显示其他对象，沙发最终效果如图 3.63 所示。

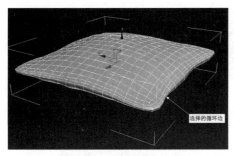

图 3.59 选择的循环边

图 3.60 【创建图形】对话框

图 3.61 渲染参数设置

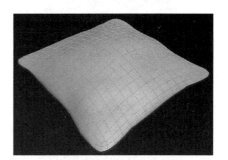

图 3.62 抱枕的最终效果

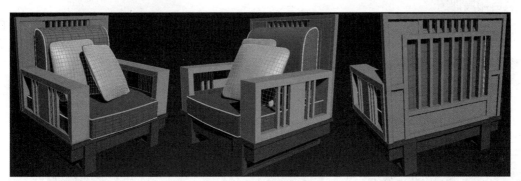

图 3.63 沙发最终效果

视频播放： 具体介绍请观看配套视频"任务四：制作沙发抱枕模型.mp4"。

【任务四：制作
沙发抱枕模型】

任务五：制作三人沙发模型

三人沙发模型的制作方法、步骤与单人沙发的制作方法、步骤完全相同，在这里就不再
详细介绍，可参考配套教学视频。

三人沙发模型的 CAD 图纸如图 3.64 所示。

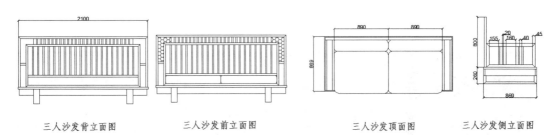

三人沙发背立面图　　　三人沙发前立面图　　　三人沙发顶面图　　　三人沙发侧立面图

图 3.64 三人沙发模型的 CAD 图纸

模型完成后的三维效果图如图 3.65 所示。

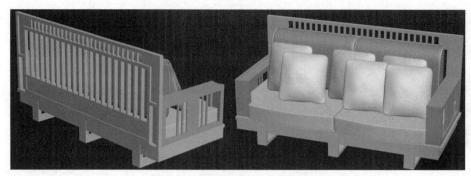

图 3.65　模型完成后的三维效果图

视频播放： 具体介绍请观看配套视频"任务五：制作三人沙发模型.mp4"。

五、项目小结

本项目主要介绍了根据 CAD 图纸制作沙发和抱枕模型的方法、步骤。要求重点掌握 3ds Max 2024 中【挤出】【连接】【涡轮平滑】命令的作用和使用方法，以及 CAD 文件的导入等知识点。

六、项目拓展训练

根据前面所学知识制作如图 3.66 所示的沙发效果图。

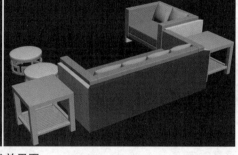

图 3.66　沙发效果图

【任务五：制作
三人沙发模型】

【模型：沙发】

【项目 1：小结
和拓展训练】

项目 2：茶几模型的制作

一、项目内容简介

本项目主要介绍茶几模型的制作方法、步骤。

【项目 2：内容
简介】

二、项目效果欣赏

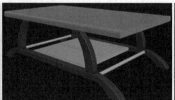

三、项目制作流程

项目2: 茶几模型的制作　任务一　导入茶几的CAD图纸　任务二　制作茶几立面支架　任务三　制作茶几隔层　任务四　制作茶几顶面

四、项目详细过程

项目引入：

（1）茶几的常用尺寸是多少？

（2）制作茶几的原理是什么？

（3）在制作茶几模型过程中需要注意哪些问题？

制作茶几模型的主要方法是根据 CAD 图纸，使用二维曲线绘制闭合曲线，将绘制的闭合曲线转化为三维实体模型，再对三维实体模型进行编辑。

任务一：导入茶几的 CAD 图纸

将茶几各个视图的 CAD 图纸（图 3.67）导入场景中，再使用【移动】⊕、【旋转】↻、【角度捕捉切换】⊠工具对导入的 CAD 图纸进行移动、捕捉、旋转等操作。

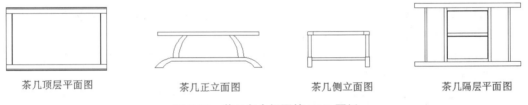

茶几顶层平面图　　茶几正立面图　　茶几侧立面图　　茶几隔层平面图

图 3.67　茶几各个视图的 CAD 图纸

调节好方向和位置的 CAD 图纸如图 3.68 所示。

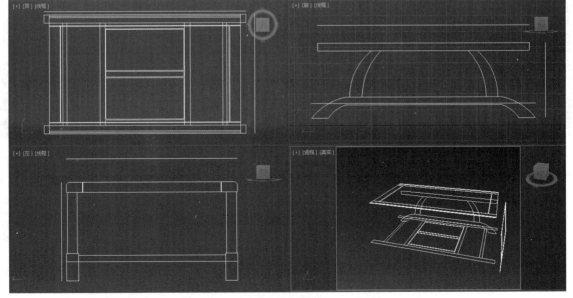

图 3.68　调节好方向和位置的 CAD 图纸

视频播放： 具体介绍请观看配套视频"任务一：导入茶几的 CAD 图纸.mp4"。

任务二：制作茶几立面支架

茶几立面支架的制作方法是绘制闭合曲线，将闭合曲线挤出为三维模型，然后将三维模型转换为可编辑多边形，再将可编辑多边形进行切角处理。

步骤 1： 绘制闭合曲线。在右侧面板中单击【创建】 ➕ →【图形】 ⭕ →【线】按钮，在【前视图】中绘制闭合曲线，如图 3.69 所示。

步骤 2： 给闭合曲线添加【挤出】命令。选择需要挤出的闭合曲线，在右侧面板中单击【修改】 ☑ →【修改器列表】按钮，弹出下拉菜单，单击【挤出】命令，设置【挤出】命令的挤出数量为 60mm，具体参数如图 3.70 所示。挤出的效果如图 3.71 所示。

图 3.69　绘制的闭合曲线

图 3.70　【挤出】命令参数

图 3.71　挤出的效果（1）

步骤 3： 方法同上。给其他两条闭合曲线添加【挤出】命令，设置【挤出】命令的挤出数量为 50mm。挤出的效果如图 3.72 所示。

步骤 4： 将挤出对象转换为可编辑多边形。将鼠标移到挤出的对象上，单击鼠标右键弹出快捷菜单，单击【转换为：】→【转换为可编辑多边形】命令即可。

步骤 5： 附加挤出对象。选择转换为可编辑多边形的对象，在右侧面板中单击【附加】按钮，在【透视图】中依次单击其他两个挤出对象，即可将其附加为一个对象。

步骤 6： 对边进行切角处理。按键盘上的"2"键，进入可编辑多边形的边编辑模式。选择的边如图 3.73 所示。在右侧面板中单击【切角】右边的【设置】按钮 ▣，弹出参数设置对话框，切角参数和切角效果如图 3.74 所示。单击 ☑ 按钮完成切角处理。

图 3.72　挤出后的效果（2）

图 3.73　选择的边

图 3.74　切角参数和切角效果

步骤 7： 将切角后的对象命名为"茶几立面支架 01"，并复制一份命名为"茶几立面支架 02"，调节好位置，复制并调节好位置的效果如图 3.75 所示。

视频播放： 具体介绍请观看配套视频"任务二：制作茶几立面支架.mp4"。

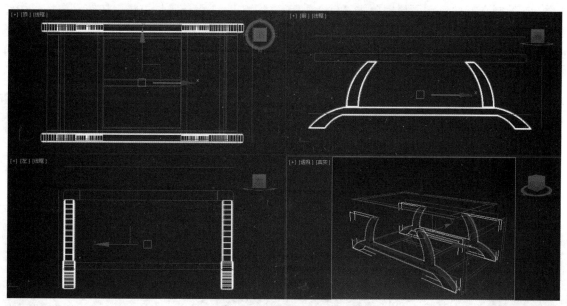

图 3.75 复制并调节好位置的效果

图 3.76 圆柱体
参数设置

任务三：制作茶几隔层

茶几隔层的制作方法是创建基本几何体，将基本几何体转换为可编辑多边形，再根据参考图纸进行编辑即可。

步骤 1：绘制两个圆柱体。在面板中单击【创建】■→【几何体】■→【圆柱体】按钮，在场景中创建两个圆柱体，具体参数设置如图 3.76 所示。

步骤 2：调节好两个圆柱体的位置，如图 3.77 所示。

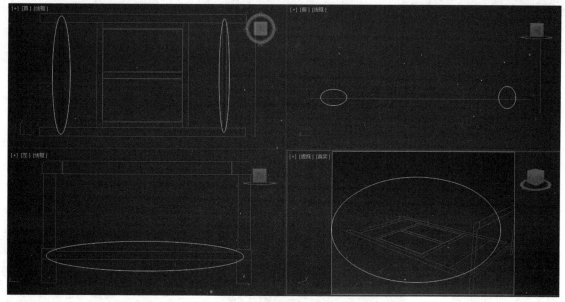

图 3.77 调整好位置的两个圆柱体

步骤 3：绘制立方体。在面板中单击【创建】 ➕→【几何体】 ▢→【长方体】按钮，在场景中绘制一个立方体，参数设置如图 3.78 所示。

步骤 4：调节好立方体的位置，如图 3.79 所示。利用前面所学知识，将创建的立方体转换为可编辑多边形。

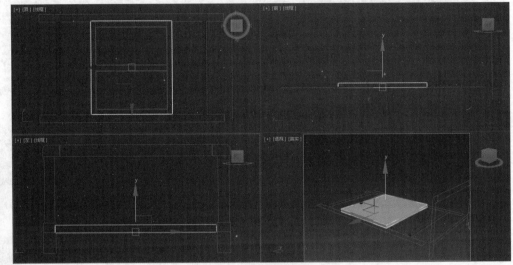

图 3.78　立方体
参数设置

图 3.79　调节好位置的立方体

步骤 5：连接边。按键盘上的"2"键进入可编辑多边形的边编辑模式。选择需要连接的边。选择的边如图 3.80 所示。单击【连接】右边的【设置】按钮▣，弹出参数设置面板。参数设置和连接的效果如图 3.81 所示。单击✅按钮完成连接。

步骤 6：方法同上。继续连接边，连接边后的效果如图 3.82 所示。

图 3.80　选择的边

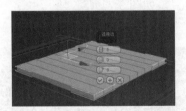

图 3.81　参数设置和连接的效果

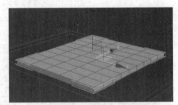

图 3.82　连接边后的效果

步骤 7：调节顶点，按键盘上的"1"键，进入顶点编辑模式。在【顶视图】中调节顶点的位置。调节顶点后的效果如图 3.83 所示。

步骤 8：对面进行挤出。按键盘上的"4"键，进入多边形编辑模式。选择的多边形面如图 3.84 所示。

步骤 9：单击右侧面板中【挤出】右边的【设置】按钮▣，弹出参数设置面板。挤出参数和效果如图 3.85 所示。单击✅按钮完成挤出操作。

图 3.83　调节顶点后的效果

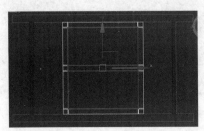

图 3.84　选择的多边形面

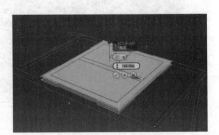

图 3.85　挤出参数和效果

步骤 10：将两个圆柱体和转换为可编辑多边形后的立方体附加为一个对象，并命名为"茶几隔层"。

视频播放：具体介绍请观看配套视频"任务三：制作茶几隔层.mp4"。

【任务三：制作茶几隔层】

任务四：制作茶几顶面

茶几顶面的制作与茶几隔层的制作方法基本相同，具体操作方法如下。

步骤 1：创建立方体。在面板中单击【创建】➕→【几何体】◻→【长方体】按钮，在场景中绘制一个立方体，参数设置如图 3.86 所示。

步骤 2：将立方体转换为可编辑多边形，并命名为"茶几顶面"。利用前面所学知识对边进行连接，连接的边如图 3.87 所示。

步骤 3：调节顶点。按键盘上的"1"键，进入顶点编辑模式。在【顶视图】中调节顶点的位置。调节后的顶点如图 3.88 所示。

图 3.86　立方体参数设置

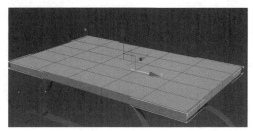
图 3.87　连接的边

图 3.88　调节后的顶点

步骤 4：对面进行挤出。按键盘上的"4"键，进入多边形编辑模式。选择如图 3.89 所示的多边形面。

步骤 5：单击右侧面板中【挤出】右边的【设置】按钮▣，弹出参数设置面板。挤出参数和挤出效果如图 3.90 所示。单击☑按钮完成挤出操作。

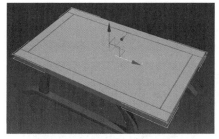
图 3.89　选择需要挤出的面

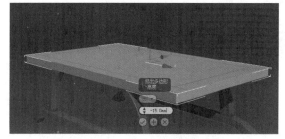
图 3.90　挤出参数和挤出效果

步骤 6：对边进行切角处理。按键盘上的"2"键，进入边编辑模式。选择如图 3.91 所示的两条边。

步骤 7：在右侧面板中单击【切角】右边的【设置】按钮▣，弹出参数设置对话框，切角参数和切角后的效果如图 3.92 所示。单击☑按钮完成切角处理。

图 3.91　选择的两条边

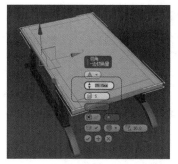
图 3.92　切角参数和切角后的效果

步骤 8：将"茶几顶面""茶几隔层"和"茶几支架"合成一个组，组名为"茶几模型"。

视频播放： 具体介绍请观看配套视频"任务四：制作茶几顶面.mp4"。

【任务四：制作
茶几顶面】

五、项目小结

本项目主要介绍了根据 CAD 图纸制作茶几模型的方法、步骤。要求重点掌握可编辑多边形中的【挤出】【连接】【切角】命令的作用、使用方法，以及 CAD 文件的导入等知识点。

六、项目拓展训练

根据前面所学知识，制作如图 3.93 所示的茶几效果图。

【项目 2：小结
和拓展训练】

图 3.93　茶几效果图

项目 3：液晶电视模型的制作

一、项目内容简介

本项目主要介绍液晶电视模型的制作方法、步骤。

【项目 3：内容
简介】

二、项目效果欣赏

三、项目制作流程

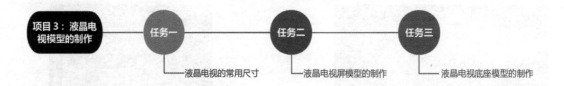

四、项目详细过程

项目引入：

（1）液晶电视的常用尺寸有哪些？

（2）液晶电视模型的制作原理是什么？

（3）在液晶电视模型制作过程中需要注意哪些问题？

制作液晶电视模型的主要方法是使用基本几何体和图形工具制作液晶电视的基本造型，再使用修改工具进行细节刻画。

任务一：液晶电视的常用尺寸

液晶电视的尺寸是指屏幕的对角线长度，以英寸为单位（1 英寸 ≈2.54 厘米）。主要有 19 英寸、21 英寸、25 英寸、32 英寸、37 英寸、40 英寸、42 英寸、43 英寸、46 英寸、47 英寸、50 英寸、55 英寸和 60 英寸等。通常家用液晶电视用 37 英寸至 47 英寸的比较多，观看距离为 2.5～3.5m。

电视机的屏幕越大，观看距离就应越大，因为人的眼球在不转动的情况下视角是有限的，所以要有合理的距离。合理的距离是指在不转动眼球和头部的情况下看清楚电视画面。距离不合理的话，会影响人的健康。例如，50 英寸液晶电视如果观看距离在 2m 以内，尤其是观看一些体育赛事，观看 10 分钟以后，就会出现头晕、眼花的现象，更加严重的还会出现呕吐、恶心的现象。如果将观看距离调整到 3m 以外，4m 以内，效果就完全不一样。不仅能保持良好的视觉效果，同时也不会出现头晕、眼花的现象。因此，电视尺寸的选择非常关键，观看距离也非常重要，对于 50 英寸以上的液晶电视，一般建议观看距离为电视高度的 3～4 倍。选择大屏幕液晶电视要根据客厅的大小来决定，不能太盲目追求大屏幕，要根据实际空间大小而定。

视频播放：具体介绍请观看配套视频"任务一：液晶电视的常用尺寸.mp4"。

【任务一：液晶电视的常用尺寸】

任务二：液晶电视屏模型的制作

液晶电视屏模型的制作方法：根据电视参考图（图 3.94），使用基本几何体创建液晶电视的基本造型，并使用编辑工具对其进行细化，再使用【文字】命令制作文字轮廓，并对文字轮廓进行倒角等操作。

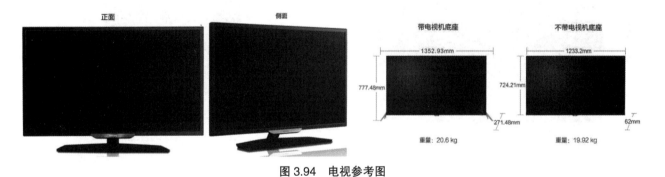

图 3.94　电视参考图

1. 制作液晶电视屏

步骤 1：创建立方体。单击【创建】➕→【几何体】◻→【长方体】按钮，在【前视图】中创建一个立方体并命名为"液晶电视屏"，长 1233.2mm、宽 724.2mm、厚 20mm，创建的立方体效果如图 3.95 所示。

步骤 2：将"液晶电视屏"转换为可编辑多边形。将鼠标移到场景中的"液晶电视屏"对象上，单击鼠标右键，弹出快捷菜单，单击【转换为：】→【转换为可编辑多边形】命令即可。

步骤 3：对选择的边进行连接。按键盘上的"2"键进入边编辑模式。选择需要连接的边，单击【连接】右边的【设置】▤按钮，在弹出的动态参数设置面板中设置连接参数，效果如图 3.96 所示。单击✅按钮，完成边的连接。

图 3.95　创建的立方体效果

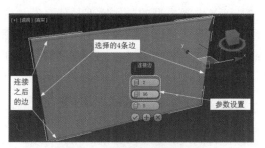
图 3.96　连接参数设置和效果

步骤 4：方法同上。继续连接边，连接后的最终效果如图 3.97 所示。

步骤 5：对面进行挤出。按键盘上的"4"键，进入"液晶电视屏"的多边形编辑模式。选择的多边形面如图 3.98 所示。单击【挤出】右边的【设置】按钮▣，弹出挤出参数设置面板。挤出参数设置和效果如图 3.99 所示。单击✅按钮，完成面的挤出。

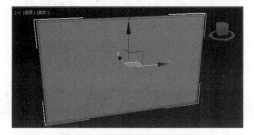
图 3.97　连接后的最终效果

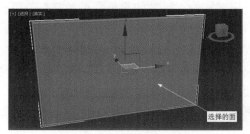
图 3.98　选择的多边形面

步骤 6：对多边形面进行插入处理。选择"液晶电视屏"背面的面。选择的多边形面如图 3.100 所示。单击【轮廓】右边的【设置】按钮▣，弹出插入的动态参数设置面板，轮廓参数和轮廓后的效果如图 3.101 所示。单击✅按钮，完成面的插入处理。

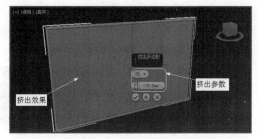
图 3.99　挤出参数设置和效果

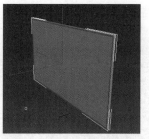
图 3.100　选择的多边形面

步骤 7：倒角处理。确保设置轮廓后的边被选中，在面板中单击【倒角】右边的【设置】按钮▣，弹出倒角的动态参数设置面板。倒角参数和倒角后的效果如图 3.102 所示。单击✅按钮，完成面的倒角处理。

步骤 8：对边进行切角处理。选择需要进行切角处理的边。在面板中单击【切角】右边的【设置】按钮▣，弹出切角的动态参数设置面板。切角参数和切角后的效果如图 3.103 所示。单击✅按钮，完成面的切角处理。

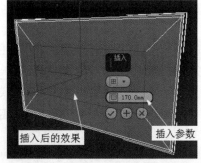
图 3.101　轮廓参数和轮廓后的效果

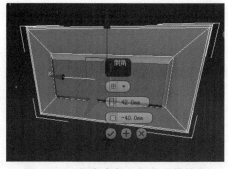
图 3.102　倒角参数和倒角后的效果

图 3.103　切角参数和切角后的效果

2. 制作液晶电视的标识

步骤 1：绘制闭合曲线。在面板中单击【创建】**＋**→【图形】**回**→【线】按钮，绘制的闭合曲线如图 3.104 所示，并命名为"标识位"。

步骤 2：添加倒角效果。选择"标识位"闭合曲线。在右侧面板中单击【修改】→【修改器列表】→【倒角】命令，即可给闭合曲线添加倒角命令。倒角参数设置如图 3.105 所示。倒角效果如图 3.106 所示。

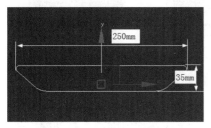
图 3.104 绘制的闭合曲线

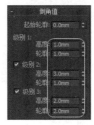
图 3.105 倒角参数设置

图 3.106 倒角效果

步骤 3：输入文字。在面板中单击【创建】**＋**→【图形】**回**→【文本】按钮，在【前视图】中输入"PHILIPS"文字。文字参数设置和效果如图 3.107 所示。

步骤 4：添加倒角效果。选择输入的文字，在面板中单击【修改】**回**→【修改器列表】→【倒角】命令，即可给输入的文字添加倒角命令，文字倒角参数和效果如图 3.108 所示。

步骤 5：对文字和"标识位"对象进行旋转和移动调节。将文字和"标识位"对象旋转 30 度并调节好位置，文字和"标识位"的位置如图 3.109 所示。

图 3.107 文字参数设置和效果

图 3.108 文字倒角参数和效果

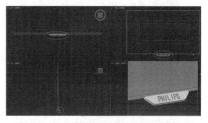
图 3.109 文字和"标识位"的位置

视频播放： 具体介绍请观看配套视频"任务二：液晶电视屏模型的制作.mp4"。

【任务二：液晶电视屏模型的制作】

任务三：液晶电视底座模型的制作

液晶电视底座模型的制作方法是绘制闭合曲线，并对闭合曲线进行倒角和挤出等操作。

步骤 1：绘制闭合曲线。在面板中单击【创建】**＋**→【图形】**回**→【线】按钮，在【顶视图】中绘制闭合曲线，如图 3.110 所示。

步骤 2：对闭合曲线的顶点进行圆角处理。按键盘上的"1"键，进入闭合曲线的顶点编辑模式。框选所有顶点，选择的所有顶点如图 3.111 所示。在右侧面板中的【圆角】按钮右边的文本输入框中输入"36"，按键盘上的"Enter"键即可对选择的顶点进行圆角处理。圆角处理后的效果如图 3.112 所示。

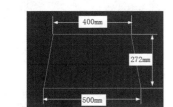
图 3.110 绘制的闭合曲线

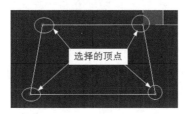
图 3.111 选择的所有顶点

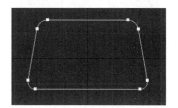
图 3.112 圆角处理后的效果

步骤 3：添加倒角命令。选择圆角之后的闭合曲线。在面板中单击【修改】**回**→【修改器列表】→

【倒角】命令，即可给闭合曲线添加倒角命令。倒角参数如图 3.113 所示，效果如图 3.114 所示。

步骤 4：绘制圆柱体。单击【创建】➕→【几何体】⬭→【圆柱体】按钮，在【顶视图】中创建一个圆柱体并命名为"底座支撑杆"。圆柱体参数如图 3.115 所示。

图 3.113 倒角参数

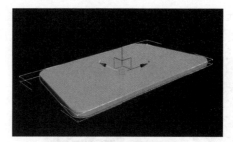
图 3.114 倒角后的效果

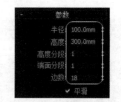
图 3.115 圆柱体参数

步骤 5：对圆柱体进行缩放操作。选择圆柱体，在工具栏中单击【选择并均匀缩放】按钮🔲，在【顶视图】中沿 Y 轴进行缩放操作。缩放后的效果如图 3.116 所示。

步骤 6：将"底座支撑杆"旋转 20 度，并转换为可编辑多边形。

步骤 7：在面板中单击【快速切片】按钮，在【左视图】中切出两条循环边，如图 3.117 所示。

步骤 8：删除多余的面。按键盘上的"4"键，进入"底座支撑杆"的多边形面编辑模式。选择需要删除的面，按键盘上的"Delete"键删除多余的面。删除多余面后的效果如图 3.118 所示。

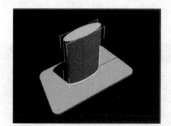
图 3.116 缩放后的效果

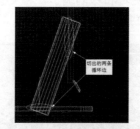
图 3.117 切出的两条循环边

图 3.118 删除多余面后的效果

步骤 9：将所有对象合成组，组名为"液晶电视"，成组后的电视效果如图 3.119 所示。

图 3.119 成组后的电视效果

视频播放：具体介绍请观看配套视频"任务三：液晶电视底座模型的制作 .mp4"。

【任务三：液晶电视底座模型的制作】

五、项目小结

本项目主要介绍了根据参考图制作液晶电视模型的方法、步骤。要求重点掌握【挤出】【圆角】【快速切片】【倒角】命令的作用和使用方法。

六、项目拓展训练

根据前面所学知识，制作如图 3.120 所示的液晶电视效果图。

【项目 3：小结和拓展训练】

图 3.120　液晶电视效果图

项目 4：电视柜模型的制作

【项目 4：内容
简介】

一、项目内容简介

本项目主要介绍电视柜模型制作的方法、步骤。

二、项目效果欣赏

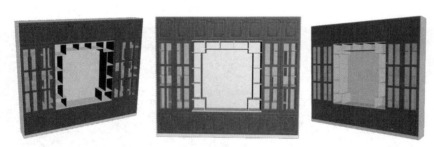

三、项目制作流程

四、项目详细过程

项目引入：

（1）怎样根据 CAD 图纸制作三维模型？

（2）电视柜模型门的制作方法是什么？

（3）电视柜门拉手的制作方法是什么？

（4）怎样使用【剖面倒角】和【布尔】命令？

电视柜模型的制作方法是根据 CAD 图纸制作模型主体，再使用【剖面倒角】等修改命令制作门和
拉手。

任务一：导入 CAD 图纸

电视柜立面装饰图和整理后的 CAD 图纸如图 3.121 所示。

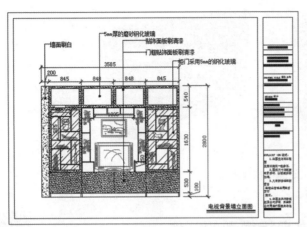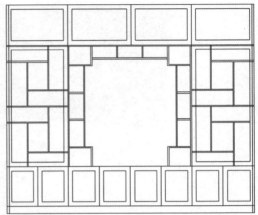

图 3.121　电视柜立面装饰图和整理后的 CAD 图纸

> **提示：** 电视柜立面装饰图和整理后的 CAD 图纸在配套素材中，读者可以使用 AutoCAD 2023 以上的版本打开图纸，以便了解图纸的细节。

导入 CAD 图纸的具体操作这里不再赘述，请读者参考项目 1 中的详细介绍。导入的图纸效果如图 3.122 所示。将导入的 CAD 图纸进行冻结处理，方便后面绘制闭合曲线。

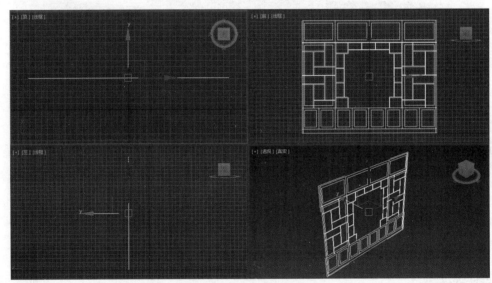

图 3.122　导入的 CAD 图纸

> **视频播放：** 具体介绍请观看配套视频"任务一：导入 CAD 图纸.mp4"。

【任务一：导入
CAD 图纸】

任务二：制作电视柜主体部分

电视柜主体部分的制作比较简单，主要通过【线】命令绘制闭合曲线并对闭合曲线进行挤出和转换，形成可编辑多边形对象，再使用相关修改命令进行处理即可。

步骤 1：根据 CAD 图纸绘制闭合曲线。在右侧面板中单击【创建】╋→【修改】◿→【线】按钮，在【前视图】中绘制闭合曲线，如图 3.123 所示。

步骤 2：选择所有绘制的闭合曲线，添加【挤出】命令。设置【挤出】命令的数量为 400mm。挤出参数如图 3.124 所示。挤出的效果如图 3.125 所示。

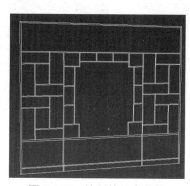

图 3.123　绘制的闭合曲线

图 3.124　挤出参数

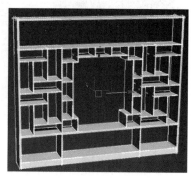

图 3.125　挤出的效果

步骤 3：取消挤出对象的关联。单击右侧面板中的【使唯一】按钮，弹出对话框，在该对话框中单击【是（Y）】按钮即可。

步骤 4：绘制电视柜背板。在右侧面板中单击【创建】➕→【几何体】◯→【平面】按钮，在【前视图】中绘制一个平面。绘制平面的参数设置如图 3.126 所示。绘制的平面效果如图 3.127 所示。

步骤 5：将挤出对象中的任意一个对象转换为可编辑多边形，再将其他挤出对象和绘制的平面附加成一个对象，并命名为"电视柜主体"。附加后的效果如图 3.128 所示。

图 3.126　绘制平面的参数设置

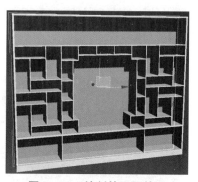

图 3.127　绘制的平面效果

图 3.128　附加后的效果

视频播放： 具体介绍请观看配套视频"任务二：制作电视柜主体部分.mp4"。

【任务二：制作电视柜主体部分】

任务三：制作电视柜门

电视柜模型分两种：一种是木门，另一种是玻璃门。这两种门的制作方法略有不同。具体操作方法如下。

1. 制作木门

步骤 1：绘制木门的轮廓闭合曲线。在面板中单击【创建】➕→【修改】◯→【线】按钮，在【前视图】中绘制闭合曲线，并命名为"电视柜木门"。绘制的闭合曲线如图 3.129 所示。

步骤 2：绘制倒角剖面线。绘制的倒角剖面线如图 3.130 所示。

步骤 3：添加倒角剖面。选择绘制的"电视柜木门"闭合曲线，在右侧面板中单击【修改】◯→【修改器列表】→【倒角剖面】命令，在右侧面板中单击【经典】→【拾取剖面】按钮，在视图中单击绘制的倒角剖面线，即可得到倒角剖面效果，如图 3.131 所示。

图 3.129　绘制的闭合曲线

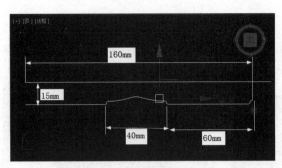

图 3.130　绘制的倒角剖面线

图 3.131　倒角剖面效果

> **提示：**如果添加了【倒角剖面】命令后发现倒角的效果比倒角剖面大，可以通过调节面板中【倒角剖面】命令子层级中的【剖面 Gizmo】的位置来调节倒角剖面面积大小。

步骤 4：绘制门的中式花纹。在面板中单击【创建】➕→【图形】◎→【线】按钮，在【前视图】中绘制闭合曲线，并命名为"木门雕花"。绘制的闭合曲线如图 3.132 所示。

步骤 5：设置闭合曲线的渲染属性。选择"木门雕花"闭合曲线。在面板中设置渲染参数，效果如图 3.133 所示。

步骤 6：将"电视柜木门"和"木门雕花"转换为可编辑多边形。

步骤 7：进行布尔运算。选择"电视柜木门"，在右侧面板中单击【创建】➕→【几何体】◎→【标准基本体】按钮，弹出下拉菜单，在弹出的下拉菜单中单击【复合对象】命令，切换到【复合对象】命令集。单击【布尔】→【添加运算对象】→拾取"木门雕花"对象，将"木门雕花"对象添加到运算对象中，再单击【差集】按钮即可完成布尔运算。布尔运算后的效果如图 3.134 所示。

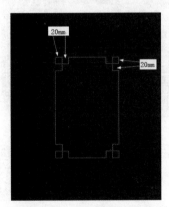

图 3.132　绘制的闭合曲线

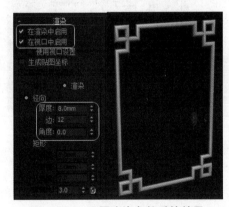

图 3.133　设置渲染参数后的效果

图 3.134　布尔运算后的效果

2. 制作木门拉手

木门拉手的制作方式是通过对圆柱体添加【弯曲】修改器，将其弯曲，转换为可编辑多边形对象后，再进行顶点调节。

步骤 1：创建圆柱体。在面板中单击【创建】➕→【几何体】◎→【圆柱体】按钮，在【顶视图】中创建一个圆柱体，圆柱体参数和效果如图 3.135 所示。

步骤 2：添加【弯曲】修改器。选择创建的圆柱体，在面板中单击【修改】▣→【修改器列表】，弹出下拉菜单，单击【弯曲】命令，即可添加弯曲命令。弯曲参数设置和效果如图 3.136 所示。

步骤 3：将弯曲的"拉手"转换为可编辑多边形。

步骤 4：进行挤出操作。按键盘上的"4"键，进入多边形编辑模式，选择需要挤出的面进行挤出，挤出 2mm，连续挤出两次，效果如图 3.137 所示。

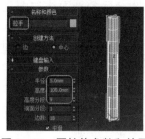

图 3.135　圆柱体参数和效果

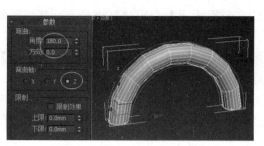

图 3.136　弯曲参数设置和效果

图 3.137　挤出后的效果

步骤 5：缩放操作。按键盘上的"1"键。进入顶点编辑模式，勾选【实用软选择】选项。软选择参数设置如图 3.138 所示。选择顶点进行缩放操作，效果如图 3.139 所示。

步骤 6：删除底部的面，调节好位置。将门和拉手合成组并命名为"木门"，如图 3.140 所示。

图 3.138　软选择参数设置

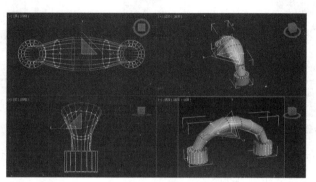

图 3.139　缩放效果

图 3.140　合成组后的木门

3. 制作玻璃门

玻璃门的制作方法是先创建一个平面，将平面转换为可编辑多边形，删除多余的面，对留下的面进行挤出，形成三维对象，再将三维对象转换为可编辑多边形，利用可编辑多边形创建图形，对创建的图形进行倒角剖面或扫描即可。

步骤 1：创建一个平面。在面板中单击【创建】➕→【几何体】◻→【平面】按钮，在【前视图】中绘制一个平面（长 422mm，宽 1656mm），并命名为"玻璃门"。

步骤 2：转换为可编辑多边形并调节点的位置。将"玻璃门"转换为可编辑多边形，连接边并调节边的位置，调节边后的效果如图 3.141 所示。

步骤 3：挤出面。删除中间不需要的面，并选中留下的面，单击【挤出】右边的◻按钮，弹出挤出参数设置面板，挤出参数和效果如图 3.142 所示。单击☑按钮，完成挤出操作。

步骤 4：创建图形。选择的边界如图 3.143 所示。在面板中单击【利用所选内容创建图形】按钮，弹出【创建图形】对话框，具体设置如图 3.144 所示。单击 确定 按钮即可创建二维线形图形。

图 3.141　调节边后的效果

图 3.142　挤出参数和效果

图 3.143　选择的边界

图 3.144　【创建图形】对话框

步骤 5：绘制倒角的剖面线。使用【线】命令绘制倒角剖面线，绘制的闭合倒角剖面线如图 3.145 所示。

步骤 6：进行倒角剖面。选择前面创建的剖面图形，添加【倒角剖面】命令，在面板中单击【拾取剖面】按钮，在场景中单击绘制好的倒角剖面线即可。倒角剖面效果如图 3.146 所示。

步骤 7：对选择的边进行倒角处理。选择的边和倒角的参数和效果如图 3.147 所示。

步骤 8：附加对象。选择"玻璃门"，在面板中单击【附加】按钮，在场景中单击前面倒角剖面的对象，即可完成附加操作。

步骤 9：制作玻璃。在面板中单击【创建】 ➕ →【几何体】 ⬜ →【平面】按钮，在【前视图】中绘制一个平面（长 360mm，宽 1600mm）并命名为"玻璃"。

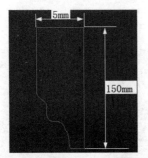

图 3.145　绘制的闭合倒角剖面线

图 3.146　倒角剖面效果

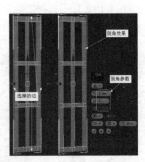

图 3.147　边和倒角参数和效果

步骤 10：将玻璃转换为可编辑多边形并进行挤出，挤出量为 5mm，挤出的玻璃有一定的厚度。挤出厚度的玻璃如图 3.148 所示。再调节好位置。

步骤 11：将前面制作的"门拉手"复制一份，放置在玻璃门适当的位置，玻璃门拉手的位置如图 3.149 所示。

步骤 12：将"玻璃""玻璃门"和"拉手"合成组，组名为"玻璃门"。再复制 3 个玻璃门，调节位置，最终的电视柜门效果如图 3.150 所示。

图 3.148　挤出厚度的玻璃

图 3.149　玻璃门拉手的位置

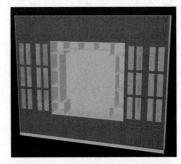

图 3.150　最终的电视柜门效果

视频播放： 具体介绍请观看配套视频"任务三：制作电视柜门 .mp4"。

【任务三：制作
电视柜门】

五、项目小结

本项目主要介绍了根据 CAD 图纸制作电视柜模型的方法、步骤。要求重点掌握【倒角剖面】和【布尔】命令的作用和使用方法。

六、项目拓展训练

根据前面所学知识，制作如图 3.151 所示的电视柜模型。

【模型：电视柜
模型材质粗调】　【项目 4：小结
和拓展训练】

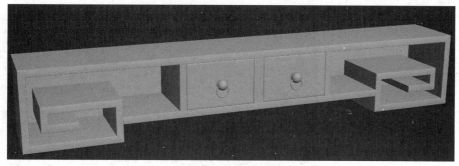

图 3.151　电视柜模型

项目 5：隔断模型的制作

一、项目内容简介

本项目主要介绍隔断模型的制作方法、步骤。

二、项目效果欣赏

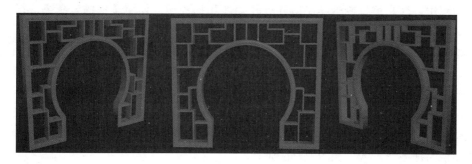

三、项目制作流程

四、项目详细过程

项目引入：

（1）怎样根据 CAD 图纸制作三维模型？

（2）隔断模型的制作方法是什么？

（3）怎样使用【剖面倒角】和【扫描】命令？

隔断模型的制作方法是根据 CAD 图纸绘制二维闭合曲线，将二维闭合曲线转换为三维模型，再使用修改命令进行编辑。

任务一：导入 CAD 图纸

隔断立面装饰 CAD 图纸如图 3.152 所示。将 CAD 图纸导入 3ds Max 2024 场景中。具体导入的方法请参考前面的详细介绍。导入的 CAD 图纸如图 3.153 所示。

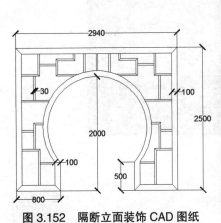

图 3.152 隔断立面装饰 CAD 图纸

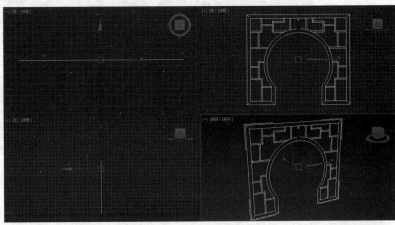

图 3.153 导入的 CAD 图纸

视频播放： 具体介绍请观看配套视频"任务一：导入 CAD 图纸.mp4"。

【任务一：导入 CAD 图纸】

任务二：制作隔断外框

隔断外框的制作方法是根据图纸绘制隔断外轮廓线和扫描线，使用【扫描】命令进行扫描操作即可。

步骤 1： 绘制隔断外轮廓线。在面板中单击【创建】➕→【图形】◙→【线】按钮，在【前视图】中绘制闭合曲线，并命名为"隔断外轮廓"，如图 3.154 所示。

步骤 2： 绘制扫描线。在【顶视图】中绘制 1 个矩形、4 个圆和两段弧，将矩形转换为可编辑样条线，再将圆弧和圆附加到转换为可编辑样条线的矩形中，并命名为"扫描线"，如图 3.155 所示。

步骤 3： 编辑"扫描线"。按键盘上的"3"键，进入样条线编辑模式。在右侧面板中单击【修剪】按钮，修剪掉多余的样条线，效果如图 3.156 所示。

图 3.154 绘制的隔断外轮廓线

图 3.155 扫描线

图 3.156 修剪后的效果

步骤 4： 焊接顶点。选中需要焊接的顶点，在面板中的【焊接】右边的文本框中输入数值"2"。框选需要焊接的两个顶点，单击【焊接】按钮完成焊接，依此类推，将两条相连的样条线端点进行焊接处理，最终焊接成一条闭合的扫描线。

步骤 5： 进行扫描操作。选择"隔断外轮廓"，给隔断外轮廓添加一个【扫描】命令。在右侧面板中设置【截面类型】为【使用自定义截面】。单击【拾取】按钮，再在【顶视图】中单击"扫描线"，即可得到扫描效果，如图 3.157 所示。

步骤 6： 将"隔断外轮廓"转换为可编辑多边形。

图 3.157 扫描效果

视频播放： 具体介绍请观看配套视频"任务二：制作隔断外框.mp4"。

【任务二：制作
隔断外框】

任务三：制作隔断隔板

隔断隔板的制作方法很简单，绘制二维闭合曲线，对闭合曲线进行倒角处理，再转换为可编辑多边形并附加在一起即可。

步骤 1：绘制隔断隔板闭合曲线。在面板中单击【创建】➕→【图形】◙→【线】按钮，在【前视图】中绘制闭合曲线，如图 3.158 所示。

步骤 2：给闭合曲线添加【挤出】命令。选择所有闭合曲线，添加【挤出】命令。挤出参数和挤出效果如图 3.159 所示。

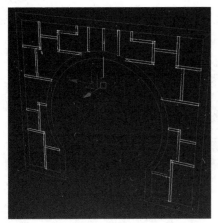

图 3.158　绘制的闭合曲线

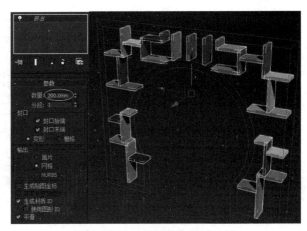

图 3.159　挤出参数和挤出效果

步骤 3：取消挤出对象的关联。单击右侧面板中的【使唯一】按钮▣，弹出对话框，在该对话框中单击【是（Y）】按钮。

步骤 4：附加对象。将挤出对象中的任意一个对象转换为可编辑多边形。按键盘上的"4"键进入多边形编辑模式。在面板中单击【附加】按钮，在场景中依次单击需要附加的挤出对象。附加完毕后命名为"隔断隔板"。

步骤 5：对"隔断隔板"进行切角处理。按键盘上的"2"键进入可编辑多边形的边编辑模式。选择需要切角的边，如图 3.160 所示。在面板中单击【切角】右边的▣（设置）按钮，弹出浮动参数设置面板，参数设置和切角效果如图 3.161 所示。单击✅按钮，完成切角处理。

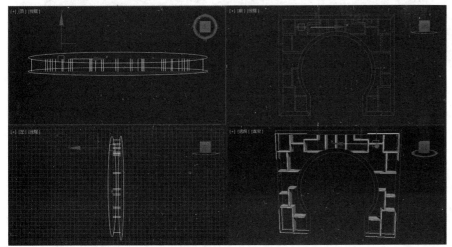

图 3.160　选择需要切角的边

图 3.161　参数设置和切角效果

步骤 6：成组操作。选择"隔断隔板"和"隔断外轮廓"将其合成组，并命名为"隔断"。

视频播放： 具体介绍请观看配套视频"任务三：制作隔断隔板.mp4"。

【任务三：制作
隔断隔板】

五、项目小结

本项目主要介绍了根据 CAD 图纸制作隔断模型的方法、步骤。要求重点掌握【倒角剖面】和【扫描】命令的作用和使用方法。

六、项目拓展训练

根据前面所学知识，制作如图 3.162 所示的隔断模型。

【项目 5：小结
和拓展训练】

图 3.162　隔断模型

项目 6：餐桌椅模型的制作

一、项目内容简介

本项目主要介绍餐桌椅模型的制作方法、步骤。

【项目 6：内容
简介】

二、本项目效果欣赏

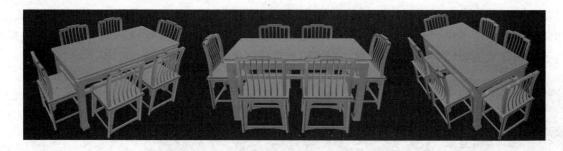

三、项目制作流程

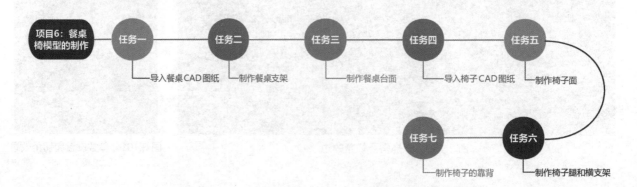

四、项目详细过程

项目引入：

（1）怎样根据 CAD 图纸制作三维模型？

（2）餐桌椅模型的制作方法是什么？

（3）怎样灵活使用【剖面倒角】【放样】【FFD4×4×4】命令？

餐桌椅的 CAD 图纸（侧立面图、正立面图、顶面图）如图 3.163 所示。主要通过将【放样】【倒角】【剖面倒角】相结合来制作餐桌椅模型。

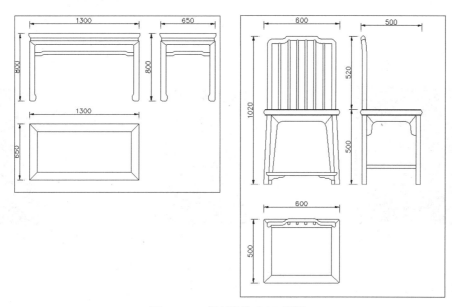

图 3.163　餐桌椅的 CAD 图纸

任务一：导入餐桌 CAD 图纸

在导入餐桌 CAD 图纸之前，先要对 CAD 图纸进行整理，删除多余的文字和标注信息等。并将其定义为块。整理后的餐桌 CAD 图纸如图 3.164 所示。

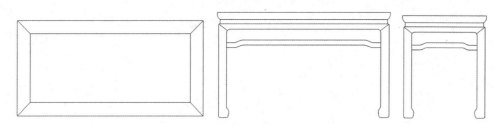

图 3.164　整理后的餐桌 CAD 图纸

启动 3ds Max 2024，将整理好的 CAD 图纸导入场景中，并调整好位置。具体操作方法请参考前面的详细介绍或配套视频。

视频播放：具体介绍请观看配套视频"任务一：导入餐桌 CAD 图纸.mp4"。

【任务一：导
入餐桌 CAD
图纸】

任务二：制作餐桌支架

餐桌模型支架的制作方法是通过放样、挤出，转换为可编辑多边形并进行相应编辑。

1. 制作餐桌腿

步骤 1：绘制直线和闭合曲线。在面板中单击【创建】╋→【图形】❷→【线】按钮。在视图中绘制一条直线和两条闭合曲线，如图 3.165 所示。

步骤 2：进行放样操作。选择直线，在面板中单击【创建】╋→【几何体】❷→【标准基本体】按钮，弹出下拉菜单，单击【复合对象】命令，切换到【复合对象】命令面板，在该面板中单击【放样】按钮，再单击【获取图形】按钮，在场景中单击前面绘制的闭合矩形，即可得到放样效果，放样得到的三维对象如图 3.166 所示。

步骤 3：对放样对象进行拟合操作。选择放样得到的三维对象，切换到【修改】面板。在【修改】面板中单击【变形】→【拟合】按钮，弹出【拟合边形（X）】对话框，在该对话框中单击【显示 XY 轴】按钮⤬，再单击【获取图形】按钮⤵，在场景中单击闭合曲线，即可得到拟合三维效果，拟合后得到的效果如图 3.167 所示，将拟合效果命名为"餐桌腿 01"。

图 3.165　绘制的直线和闭合曲线　　图 3.166　放样得到的三维对象　　图 3.167　拟合后得到的效果

> **提示：** 在拟合操作后，如果没有得到理想的拟合效果，可以通过单击【逆时针旋转 90 度】按钮↺或【顺时针旋转 90 度】按钮↻来调节。

步骤 4：复制和调节位置。复制 3 个"餐桌腿 01"，并命名为"餐桌腿 02""餐桌腿 03""餐桌腿 04"。根据 CAD 参考图调节好位置。复制和调节好位置的餐桌腿如图 3.168 所示。

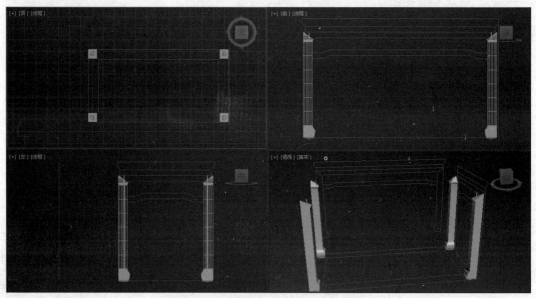

图 3.168　复制和调节好位置的餐桌腿

2. 制作餐桌横支架

步骤 1：绘制直线和闭合曲线。在面板中单击【创建】╋→【图形】❷→【线】按钮，在视图中绘制闭合曲线，如图 3.169 所示。

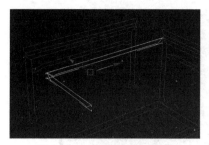

图 3.169　绘制的闭合曲线

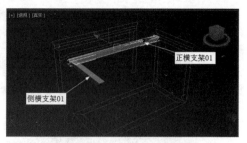

图 3.170　挤出的横支架效果

步骤 2：给闭合曲线添加【挤出】命令。挤出的数量为 60mm，并命名为"正横支架 01"和"侧横支架 01"。挤出的横支架效果如图 3.170 所示。

步骤 3：复制和调节位置操作。分别复制挤出的支架并命名"正横支架 02"和"侧横支架 02"，调节好位置。复制并调节好位置的横支架如图 3.171 所示。

步骤 4：方法同上。制作下层横支架，并命名为"正横支架下层 01""正横支架下层 02""侧横支架下层 01""侧横支架下层 02"，调节好位置。制作好的所有横支架如图 3.172 所示。

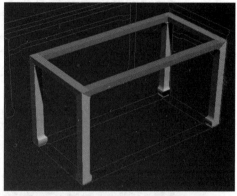

图 3.171　复制并调节好位置的横支架

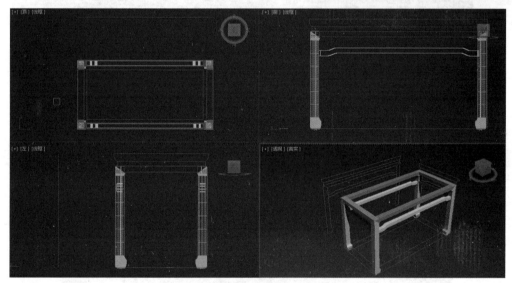

图 3.172　制作好的所有横支架

视频播放：具体介绍请观看配套视频"任务二：制作餐桌支架.mp4"。

【任务二：制作
餐桌支架】

任务三：制作餐桌台面

餐桌台面模型的制作方法是根据 CAD 图纸绘制闭合曲线和曲线，使用【倒角剖面】进行倒角剖面操作，得到餐桌台面基本造型，再根据参考图进行细化处理。

步骤 1：绘制闭合曲线和曲线。在面板中单击【创建】➕➡【图形】◻➡【线】按钮。在视图中绘制闭合曲线和曲线，如图 3.173 所示。

步骤 2：进行倒角剖面操作。选择闭合曲线，在面板中单击【修改】◪➡【修改器列表】➡【倒角剖面】命令即可为闭合曲线添加【倒角剖面】命令。在【修改】面板中单击【经典】➡【拾取剖面】按钮，再在场景中单击曲线即可，并命名为"餐桌面"。倒角剖面后的效果如图 3.174 所示。

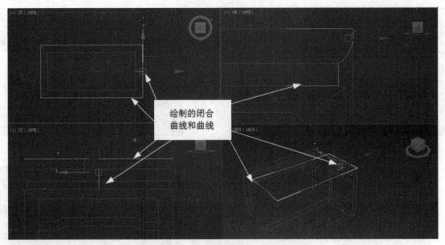

图 3.173 绘制的闭合曲线和曲线

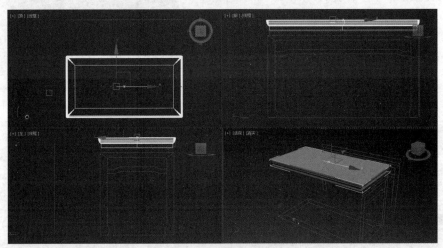

图 3.174 倒角剖面后的效果

提示：如果添加【倒角剖面】命令后大小不合适，在面板中单击【剖面 Gizmo】子层级，在视图中移动【Gizmo】坐标位置即可。

步骤 3：将"餐桌面"转换为可编辑多边形。显示所有对象，进行位置调节，合成一个组，组名为"餐桌"。最终的餐桌效果如图 3.175 所示。

图 3.175 最终的餐桌效果

视频播放：具体介绍请观看配套视频"任务三：制作餐桌台面 .mp4"。

【任务三：制作
餐桌台面】

任务四：导入椅子 CAD 图纸

根据前面所学知识，将椅子的 CAD 图纸导入场景中并调节好位置。导入的图纸和位置关系如图 3.176 所示。

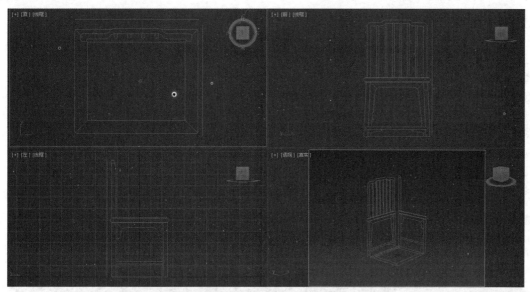

图 3.176　导入的图纸和位置关系

视频播放：具体介绍请观看配套视频"任务四：导入椅子 CAD 图纸.mp4"。

【任务四：导入椅子 CAD 图纸】

任务五：制作椅子面

椅子面模型的制作方法是根据 CAD 图纸绘制闭合曲线和曲线，使用【倒角剖面】进行倒角剖面操作，得到椅子面基本造型，再根据参考图进行细化处理。

步骤 1：绘制闭合曲线和曲线。在面板中单击【创建】➕→【图形】➋→【线】按钮，在视图中绘制闭合曲线和曲线，如图 3.177 所示。

步骤 2：进行倒角剖面操作。选择闭合曲线，在面板中单击【修改】☑→【修改器列表】→【倒角剖面】命令，即可为闭合曲线添加【倒角剖面】命令。在【修改】面板中单击【经典】→【拾取剖面】按钮，再在场景中单击曲线即可，并命名为"椅子面"。倒角剖面得到的椅子面如图 3.178 所示。

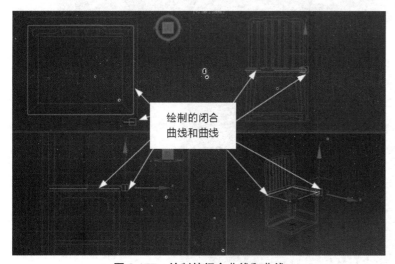

图 3.177　绘制的闭合曲线和曲线

图 3.178　倒角剖面得到的椅子面

步骤 3：将椅子面转换为可编辑多边形。

视频播放： 具体介绍请观看配套视频"任务五：制作椅子面.mp4"。

【任务五：制作
椅子面】

任务六：制作椅子腿和横支架

1. 制作椅子腿

图 3.179　圆柱体
的参数设置

椅子腿的制作方法比较简单，先创建一个圆柱体，根据参考图进行适当旋转，再将圆柱体转换为可编辑多边形，并对顶点进行缩放操作即可。

步骤 1：创建圆柱体。在右侧面板中单击【创建】➕→【几何体】⬭→【圆柱体】按钮，在【顶视图】中创建一个圆柱体并命名为"椅子腿 01"。创建圆柱体的参数设置如图 3.179 所示。再进行适当旋转。圆柱体的位置如图 3.180 所示。

步骤 2：转换为可编辑多边形。选择"椅子腿 01"并单击鼠标右键，在弹出的快捷菜单中单击【转换为：】→【转换为可编辑多变形】命令即可。

步骤 3：调节"椅子腿 01"的顶点位置。按键盘上的"1"键，进入顶点编辑模式。选择上端的所有顶点，单击【选择并均匀缩放】按钮▦，对"Y"进行缩放压平操作，效果如图 3.181 所示。

步骤 4：方法同"步骤 3"，继续对底端的顶点进行缩放压平操作。

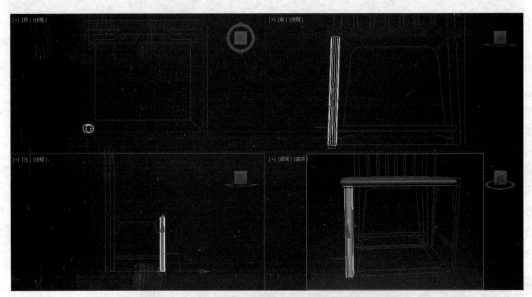

图 3.180　圆柱体的位置

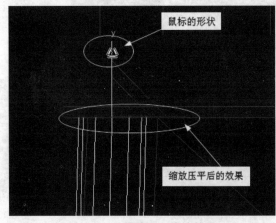

图 3.181　缩放压平后的效果

步骤 5：复制并调节位置。复制 3 个"椅子腿 01"，命名为"椅子腿 02""椅子腿 03""椅子腿 04"，调节好位置。复制并调节好位置的椅子腿如图 3.182 所示。

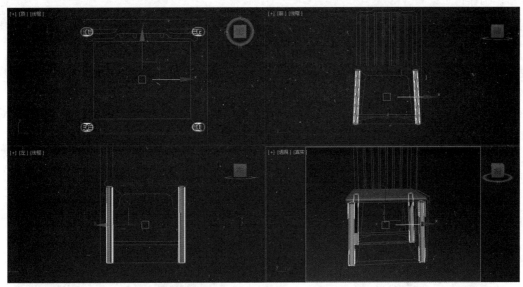

图 3.182　复制并调节好位置的椅子腿

2. 制作椅子腿横支架

椅子腿横支架的制作方法是根据 CAD 图纸绘制二维闭合曲线，对闭合曲线进行倒角处理，再转换为可编辑多边形。

步骤 1：绘制闭合曲线。在面板中单击【创建】➕→【图形】◎→【线】按钮，在视图中绘制闭合曲线，如图 3.183 所示。

步骤 2：对绘制的闭合曲线进行倒角处理。选中所有需要倒角的闭合曲线，在面板中单击【修改】◪→【修改器列表】→【倒角】命令即可为闭合曲线添加【倒角】命令。倒角参数设置如图 3.184 所示。单击【使唯一】按钮▦，断开对象之间的倒角关联。倒角后的椅子腿横支架如图 3.185 所示。复制的效果如图 3.186 所示。

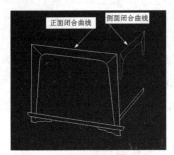

图 3.183　绘制的闭合曲线

图 3.184　倒角参数设置

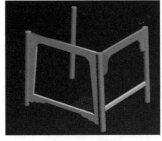

图 3.185　倒角后的椅子腿横支架

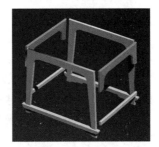

图 3.186　复制的效果

视频播放： 具体介绍请观看配套视频"任务六：制作椅子腿和横支架.mp4"。

【任务六：制作椅子腿和横支架】

任务七：制作椅子靠背

椅子靠背的制作方法是根据 CAD 图纸绘制闭合曲线和曲线，对绘制的闭合曲线进行倒角处理，对曲线进行车削处理，再转换为可编辑多边形，进行适当细化处理。

步骤 1：绘制闭合曲线和曲线。在面板中单击【创建】➕→【图形】⊘→【线】按钮。在视图中绘制如图 3.187 所示的闭合曲线和曲线。

步骤 2：倒角处理。选择闭合曲线，在面板中单击【修改】☑→【修改器列表】→【倒角】命令即可为闭合曲线添加【倒角】命令。倒角参数和效果如图 3.188 所示。

步骤 3：车削处理。选择需要进行车削处理的曲线。在面板中单击【修改】☑→【修改器列表】→【车削】命令即可。每条曲线都要添加【车削】命令。车削所有曲线后的效果如图 3.189 所示。

图 3.187　绘制的闭合曲线和曲线

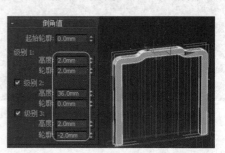

图 3.188　倒角参数和效果

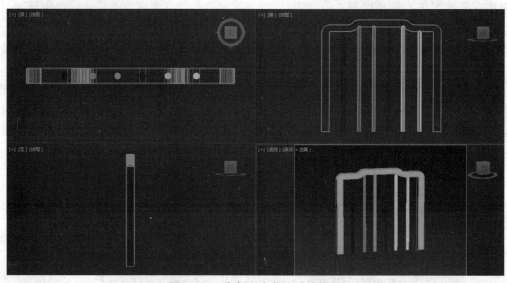

图 3.189　车削所有曲线后的效果

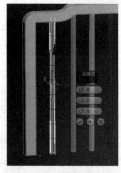

图 3.190　连接的边和参数设置

步骤 4：转换为可编辑多边形。选中所有倒角和车削的对象，在选中的任意对象上单击鼠标右键弹出快捷菜单，单击【转换为：】→【转换为可编辑多变形】命令即可。

步骤 5：进行连接处理。选择需要连接边的对象，按键盘上的"2"键，进入边编辑模式，选择需要连接的边，单击【连接】按钮右边的【设置】按钮▣，弹出参数设置面板，连接的边和参数设置如图 3.190 所示。单击☑按钮完成边的连接。使用相同的方法对其他对象进行边的连接。

步骤 6：进行变形操作。选择需要变形的对象，在面板中单击【修改】☑→【修改器列表】→【FFD4×4×4】命令，再单击【控制点】子层级选项，在【透视图】中选择需要调节的顶点进行调节。调节控制点的位置如图 3.191 所示。

步骤 7：将添加了【FFD4×4×4】命令的对象转换为可编辑多边形。渲染效果如图 3.192 所示。

步骤 8：方法同上。继续使用【FFD4×4×4】命令对椅子靠背的外轮廓进行变形操作。椅子各个方位的效果如图 3.193 所示。

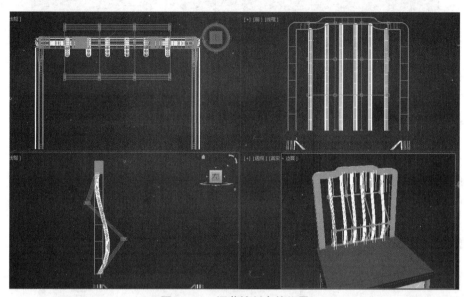

图 3.191　调节控制点的位置

图 3.192　渲染效果

图 3.193　椅子各个方位的效果

视频播放：具体介绍请观看配套视频"任务七：制作椅子靠背.mp4"。

五、项目小结

本项目主要介绍了根据 CAD 图纸制作餐桌椅模型的方法、步骤。要求重点掌握【剖面倒角】【放样】【FFD4×4×4】命令的作用和使用方法。

六、项目拓展训练

根据前面所学知识，制作如图 3.194 所示的餐桌椅模型。

【任务七：制作
椅子靠背】

【模型：餐桌椅】

【项目6：小结
和拓展训练】

图 3.194　餐桌椅模型

项目 7：酒柜模型的制作

一、项目内容简介

本项目主要介绍酒柜模型制作的方法、步骤。

二、项目效果欣赏

【项目 7：内容简介】

三、项目制作流程

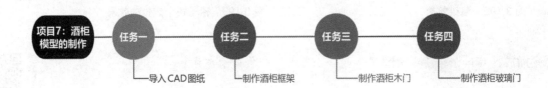

四、项目详细过程

项目引入：

（1）怎样根据 CAD 图纸制作酒柜模型？

（2）酒柜柜门拉手的制作方法是什么？

（3）怎样使用【剖面倒角】和【布尔】命令？

酒柜模型的制作方法是根据 CAD 图纸制作酒柜模型的主体，使用【剖面倒角】等修改命令制作门和拉手模型。

任务一：导入 CAD 图纸

酒柜的 CAD 图纸如图 3.195 所示。使用 AutoCAD 软件，将绘制的 CAD 图纸打开，根据 3ds Max 2024 绘图的需求，将多余的对象删除。将留下的 CAD 立面图输出为图块，再将图块导入 3ds Max 2024 中。

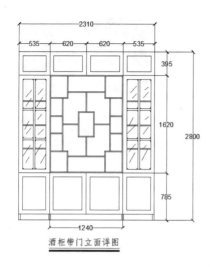

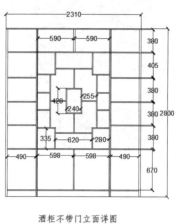

图 3.195　酒柜的 CAD 图纸

视频播放：具体介绍请观看配套视频"任务一：导入 CAD 图纸.mp4"。

任务二：制作酒柜框架

酒柜框架的制作方法、步骤与电视柜框架完全一样。具体操作步骤如下。

步骤 1：绘制闭合曲线，如图 3.196 所示。

步骤 2：给绘制的闭合曲线添加【挤出】命令，挤出参数和挤出效果如图 3.197 所示。

步骤 3：转换为可编辑多边形。将鼠标移到任意一个挤出的对象上，单击鼠标右键，弹出快捷菜单，单击【转换为：】→【转换为可编辑多边形】命令即可。

步骤 4：附加对象。选择转换为可编辑多边形的对象。在面板中单击【附加】按钮，在场景中依次单击需要附加的对象，附加完成后将其命名为"酒柜架"。

步骤 5：创建酒柜背板。在面板中单击【创建】➕→【几何体】⬜→【平面】按钮，在【前视图】中绘制一个平面（长 2800mm，宽 2310mm），并命名为"酒柜背板"。调节好酒柜背板的位置，如图 3.198 所示。

图 3.196　绘制的闭合曲线

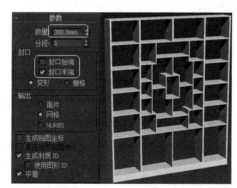

图 3.197　挤出参数和挤出效果

图 3.198　酒柜背板

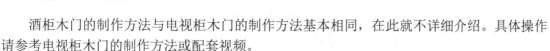

视频播放：具体介绍请观看配套视频"任务二：制作酒柜框架.mp4"。

任务三：制作酒柜木门

酒柜木门的制作方法与电视柜木门的制作方法基本相同，在此就不详细介绍。具体操作请参考电视柜木门的制作方法或配套视频。

酒柜木门效果如图 3.199 所示。在制作酒柜木门时，可以将素材中提供的倒角剖面线导入，再进行绘制。

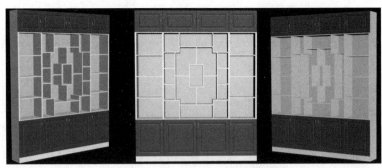

图 3.199　酒柜木门效果

【任务三：制作
酒柜木门】

视频播放： 具体介绍请观看配套视频"任务三：制作酒柜木门.mp4"。

任务四：制作酒柜玻璃门

酒柜玻璃门的制作方法、步骤与电视柜玻璃门的制作方法、步骤完全相同，此处不再详细介绍。请参考电视柜玻璃门的制作或配套视频。

酒柜玻璃门效果如图 3.200 所示。在制作酒柜玻璃门时，可以将素材中提供的倒角剖面线导入，再进行绘制。

图 3.200　酒柜玻璃门效果

【任务四：制作
酒柜玻璃门】

视频播放： 具体介绍请观看配套视频"任务四：制作酒柜玻璃门.mp4"。

五、项目小结

本项目主要介绍根据 CAD 图纸制作酒柜模型的方法、步骤。要求重点掌握【剖面倒角】和 CAD 图纸的分析。

六、项目拓展训练

根据前面所学知识，制作如图 3.201 所示的酒柜模型。

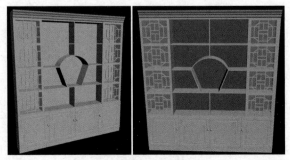

【项目 7：小结
和拓展训练】

图 3.201　酒柜模型

项目 8：装饰物模型的制作

一、项目内容简介

本项目主要介绍装饰物模型的制作方法、步骤。

【项目 8：内容
简介】

二、项目效果欣赏

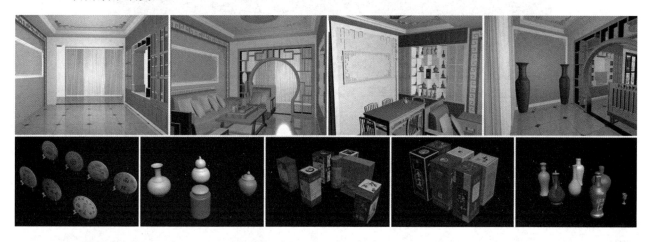

三、项目制作流程

四、项目详细过程

项目引入：

（1）怎样根据 CAD 图纸制作挂画模型？

（2）画框模型的制作方法、步骤是什么？

（3）怎样使用【放样】命令制作模型？

（4）怎样导入模型？导入模型需要注意哪些问题？

本项目主要讲解各种装饰物模型的制作方法、步骤以及各种摆件的合并。

任务一：制作挂画模型

挂画可以放在沙发背景墙、餐厅背景墙、电视柜中间的位置。其制作方法、步骤完全相同，只是大小不同而已，在此就以沙发背景墙位置的挂画为例。

挂画模型的制作方法是根据 CAD 图纸绘制闭合曲线，对闭合曲线进行挤出和倒角剖面操作，再将对象转换为可编辑多边形。

步骤 1：将画框的 CAD 图纸导入 3ds Max 2024 中，如图 3.202 所示。

图 3.202　导入的画框 CAD 图纸

步骤 2：绘制闭合曲线。参照 CAD 图纸绘制闭合曲线，如图 3.203 所示。

步骤 3：对闭合曲线进行挤出。框选除最外围闭合曲线的所有闭合曲线，添加【挤出】命令，设置【挤出】命令的数量为 8mm。挤出的效果如图 3.204 所示。

步骤 4：转换为可编辑多边形并进行附加操作。将挤出的任意一个对象转换为可编辑多边形，在面板中单击【附加】按钮，在场景中依次单击挤出的对象，附加完成后将其命名为"画框装饰"。

步骤 5：绘制的倒角剖面线如图 3.205 所示。

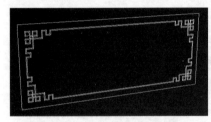
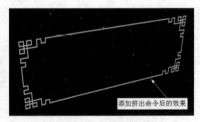

图 3.203　绘制的闭合曲线　　　　图 3.204　挤出的效果　　　　图 3.205　倒角剖面线

步骤 6：进行倒角剖面操作。选择最外围的闭合曲线，添加【倒角剖面】命令，在右侧面板中单击【拾取剖面】按钮，在场景中单击前面绘制的倒角剖面线即可。将倒角剖面之后的对象转换为可编辑多边形，并命名为"画框"。画框效果如图 3.206 所示。

步骤 7：绘制平面。在面板中单击【创建】➕→【几何体】◯→【平面】按钮，在【前视图】中绘制一个平面，并命名为"挂画"，最终挂画效果如图 3.207 所示。

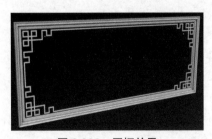
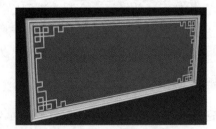

图 3.206　画框效果　　　　　　　　图 3.207　最终挂画效果

步骤 8：将"挂画""画框""画框装饰"合成一个组，组名为"沙发背景墙挂画"。

步骤 9：方法同上。再制作一幅餐厅挂画（宽 1800mm，高 800mm），命名为"餐厅挂画"。

视频播放：具体介绍请观看配套视频"任务一：制作挂画模型.mp4"。

【任务一：制作
挂画模型】

任务二：制作阳台隔断和装饰背景框模型

由于客户家的阳台是一个不规则的阳台，根据客户的要求，用隔断将阳台分割成两个空间，一部分为阳台，另一部分为大书房的一部分。在此，采用中式画框的形式作为隔断。

步骤 1：将 CAD 画框导入 3ds Max 2024 场景中。导入的 CAD 图纸如图 3.208 所示。

步骤 2：根据 CAD 图纸绘制闭合曲线，如图 3.209 所示。

步骤 3：进行挤出操作。选中最外围的两个大的闭合曲线之外的所有闭合曲线。添加【挤出】命令，挤出数量为 5mm。选择最外围的闭合曲线，按键盘上的"3"键，切换到【样条线】∕编辑模式，在面板中单击【附加】按钮，在场景中单击次外围的闭合曲线即可将两条闭合曲线附加在一起。给附加在一起的闭合曲线添加【挤出】命令，挤出数量为 50mm，再调节好位置。挤出后的效果如图 3.210 所示。

图 3.208　导入的 CAD 图纸　　　　图 3.209　绘制的闭合曲线　　　　图 3.210　挤出后的效果

步骤 4：附加成一个对象。将挤出的任意一个对象转换为可编辑多边形，在面板中单击【附加】按钮，依次单击挤出的对象即可附加成一个对象，并命名为"阳台隔断框"。

步骤 5：绘制隔断背景。在面板中单击【创建】➕→【几何体】⬤→【平面】按钮，在【前视图】中绘制一个平面（长 2600mm，宽 2047mm），并命名为"阳台隔断背景"，再调节好位置。阳台隔断模型效果如图 3.211 所示。

步骤 6：框选"阳台隔断框"和"阳台隔断背景"，将其合成一个组，组名为"阳台隔断"。

步骤 7：方法同上。制作一个沙发背景装饰框，如图 3.212 所示。

步骤 8：方法同上。制作餐厅背景装饰框，如图 3.213 所示。

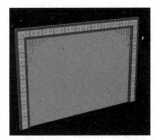
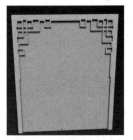

图 3.211　阳台隔断模型效果　　　　图 3.212　沙发背景装饰框　　　　图 3.213　餐厅背景装饰框

视频播放： 具体介绍请观看配套视频"任务二：制作阳台隔断和装饰背景框模型.mp4"。

【任务二：制作阳台隔断和装饰背景框模型】

任务三：制作吊顶模型

吊顶模型的制作也比较简单，绘制二维闭合曲线，再进行挤出和倒角剖面。

1. 制作吊顶板

步骤 1：根据 CAD 图纸绘制闭合曲线，如图 3.214 所示。

步骤 2：框选绘制的闭合曲线，添加一个【挤出】命令，挤出数量为 100mm。挤出参数和效果如图 3.215 所示。

步骤 3：将挤出对象转换为可编辑多边形，并附加成一个对象，命名为"吊顶板"。

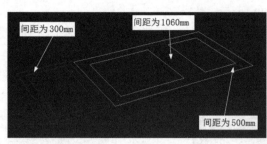

图 3.214 绘制的闭合曲线

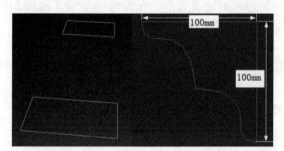

图 3.215 挤出参数和效果

2. 制作吊顶板边框

吊顶板边框主要通过倒角剖面来制作。

步骤 1：绘制 4 条闭合曲线，如图 3.216 所示。

步骤 2：进行倒角剖面处理。选择闭合曲线，添加一个【倒角剖面】命令，在右侧面板中单击【经典】→【拾取剖面】按钮，在场景中单击不规则的闭合曲线即可得到一个剖面效果，使用同样的方法对其他两条闭合曲线进行倒角剖面操作。倒角剖面效果如图 3.217 所示。

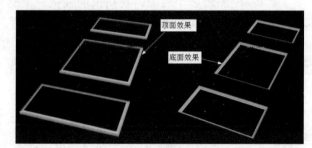

图 3.216 绘制的 4 条闭合曲线

图 3.217 倒角剖面效果

步骤 3：将倒角得到的对象转换为可编辑多边形，并附加成一个对象，命名为"吊顶装饰框"。

步骤 4：将"吊顶装饰框"和"吊顶板"合成一个组，组名为"吊顶板 01"。成组后的效果如图 3.218 所示。

3. 制作吊顶装饰框

吊顶装饰框的制作方法比较简单，将 CAD 图纸导入场景中，并根据 CAD 图纸绘制二维闭合曲线，对曲线进行挤出操作，再将挤出的对象转换为可编辑多边形，并命名为"阳台吊顶装饰框""客厅吊顶装饰框""餐厅吊顶装饰框"。吊顶装饰框的位置和效果如图 3.219 所示。

在【顶视图】中沿着 CAD 平面图的墙体边缘绘制闭合曲线，将闭合曲线转换为可编辑多边形，并命名为"顶面"，再调节好位置。绘制的顶面及位置如图 3.220 所示。

  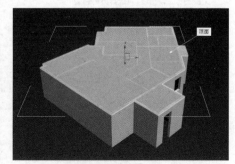

图 3.218 成组后的效果　　图 3.219 吊顶装饰框的位置和效果　　图 3.220 绘制的顶面及位置

任务四：制作窗帘盒及窗帘模型

1. 制作窗帘盒

窗帘盒的制作方法比较简单，先创建基本几何体，将其转换为可编辑多边形，再对可编辑多边形进行挤出即可。

步骤 1： 在面板中单击【创建】➕→【几何体】◘→【长方体】按钮，在【顶视图】中创建一个长方体，效果和参数如图 3.221 所示。

步骤 2： 将创建的立方体命名为"窗帘盒"，并将其转换为可编辑多边形。按键盘上的"1"键，切换到可编辑多边形的顶点编辑模式，对顶点进行调节。添加顶点之后的窗帘盒如图 3.222 所示。

步骤 3： 按键盘上的"4"键，切换到可编辑多边形的多边形编辑模式，选择"窗帘盒"顶面中间的面进行挤出，挤出数量为 −80mm。挤出效果和参数设置如图 3.223 所示。

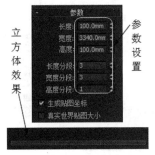

图 3.221　长方体效果和参数

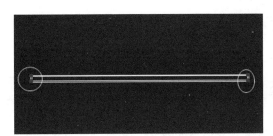

图 3.222　添加顶点之后的窗帘盒

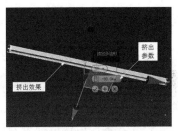

图 3.223　挤出效果和参数设置

2. 制作窗帘

窗帘的制作主要有两种方法。第一种方法是使用布料和动力学模拟来制作；第二种方法是通过绘制曲线、放样和 FFD 修改来制作。在此，介绍第二种方法。

步骤 1： 在【顶视图】中绘制两条长度为 1720mm 的曲线，在【前视图】中绘制一条长为 2800mm 的直线。绘制的曲线和直线如图 3.224 所示。

步骤 2： 进行放样操作。在面板中单击【创建】◘→【几何体】◘→【标准基本体】按钮，在弹出的下拉菜单中单击【复合对象】命令，切换到【复合对象】面板。在【透视图】中选择直线，在【复合对象】面板中单击【放样】→【获取图形】按钮，在【透视图】中单击第 1 条曲线。

步骤 3： 在面板中，设置【路径】参数为 100，单击【获取图形】按钮，放样参数面板如图 3.225 所示。在【透视图】中单击第 2 条曲线，完成放样操作并命名为"窗帘 01"，放样得到的窗帘效果如图 3.226 所示。

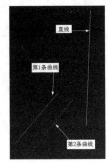

图 3.224　绘制的曲线和直线

图 3.225　放样参数面板

图 3.226　放样得到的窗帘效果

步骤 4：将放样得到的"窗帘 01"转换为可编辑多边形。复制 3 个"窗帘 01"，分别命名为"窗帘 02""窗帘 03""窗帘 04"。

步骤 5：进行缩放操作。对"窗帘 03"和"窗帘 04"进行适当的缩放操作。调节好位置的窗帘如图 3.227 所示。

步骤 6：将窗帘盒和窗帘合成一个组，命名为"客厅窗帘"，调节好位置。客厅窗帘的位置和效果如图 3.228 所示。

图 3.227　调节好位置的窗帘

图 3.228　客厅窗帘的位置和效果

视频播放： 具体介绍请观看配套视频"任务四：制作窗帘盒及窗帘模型 .mp4"。

【任务四：制作窗帘盒及窗帘模型】

任务五：装饰物模型的合并

在制作室内效果模型的时候，为了操作方便快捷，建议先单独制作各装饰模型，再将单独制作的各模型导入统一的场景。本任务主要介绍将装饰物模型导入并放置在适当的位置。在此以导入客厅电视柜模型为例讲解导入模型的方法。其他模型的导入可以按此方法操作。

步骤 1：打开客厅、餐厅和阳台模型并另存为"客厅、餐厅和阳台素模 .max"。

步骤 2：导入电视柜模型。在菜单栏中单击【文件（F）】→【导入（F）】→【合并（M）...】命令，弹出【合并文件】对话框，在该对话框中选择需要合并的文件，【合并文件】对话框如图 3.229 所示。单击【打开（O）】按钮，弹出【合并 – 电视柜模型 .max】对话框，如图 2.230 所示。单击【确定】按钮即可将电视柜模型合并到场景中。

图 3.229　【合并文件】对话框

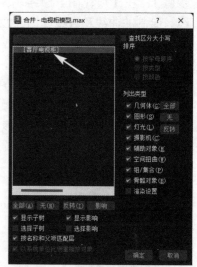

图 3.230　【合并 – 电视柜模型 .max】对话框

步骤3：调节位置。使用移动和选择工具对合并的图形进行位置调节。电视柜的最终位置和效果如图3.231所示。

步骤4：方法同上。将隔断、沙发组合、茶具、灯具、餐桌组合以及装饰物模型合并到场景中。最终效果如图3.232至图3.234所示。

图 3.231 电视柜的最终位置和效果

图 3.232 客厅一角效果

图 3.233 餐厅一角效果

图 3.234 阳台一角效果

提示： 图3.235所示的是各种装饰物模型，其制作方法在此就不再详细介绍，读者可以利用配套资源中的多媒体素材或配套视频，了解详细制作过程。

图 3.235 各种装饰物模型

视频播放： 具体介绍请观看配套视频"任务五：装饰物模型的合并.mp4"。

【任务五：装饰物模型的合并】

五、项目小结

本项目主要介绍了挂画、阳台隔断、装饰背景框、吊顶、窗帘盒、窗帘模型的制作方法、步骤。要求重点掌握各种模型制作的方法、步骤。

六、项目拓展训练

根据前面所学知识，制作如图3.236所示的客厅、餐厅和阳台模型。

【项目8：小结和拓展训练】

图 3.236　客厅、餐厅、阳台模型

第4章
客厅、餐厅、阳台空间表现

技能点

项目1：室内渲染基础知识。

项目2：客厅、餐厅、阳台材质粗调。

项目3：参数优化、灯光布置、输出光子图。

项目4：客厅、餐厅、阳台材质细调和渲染输出。

项目5：对客厅、餐厅、阳台进行后期合成处理。

说 明

本章主要通过5个项目全面介绍客厅、餐厅、阳台空间表现的方法、步骤。

教学建议课时数

一般情况下需要20课时，其中理论6课时，实际操作14课时（特殊情况下可做相应调整）。

【第4章 内容简介】

客厅是家庭成员在一起聚会、交流的主要空间。人们往往将客厅根据自己的需求划分为会客区、休息区、学习与阅读区、娱乐区等。在设计客厅时要注意 3 点。第一是视觉中心的设计，也称空间焦点设计，在客厅中一般电视机就是视觉中心。第二是客厅的动线与家具的配置要力求视觉上的顺畅感，避免过分强调区域的划分。第三是色调的设计，最好采用大众色调，也就是中性色调（如乳白色、米黄色等），以迎合多数人的喜好。

餐厅是一个家庭进餐、共享天伦之乐的重要场所，也是宴请宾客、亲朋欢聚的场所。餐厅的功能性很强，使用率极高，所以，在设计时应尽量考虑方便、舒适和温馨。

阳台作为住宅的辅助空间，它是楼层住户与室外空间联系的小场所。它是休息、眺望、绿化、贮藏、晾晒的重要场所，也对室内空间起着缓冲作用，给人以轻松和舒畅的感觉。根据阳台的作用可分为生活阳台和辅助阳台。前者多与起居室或客厅相连，后者则常与厨房或卫生间相连。因我国地域辽阔，南北气候差异较大，居民的生活习惯和风俗各异，对阳台的利用也各不相同。北方气候寒冷，阳台多为封闭式。住宅的阳台一般设置在厨房外面，成为厨房面积的补充，是冬季贮藏粮食蔬菜的理想空间。南方气候温暖，阳台一般与起居室或客厅相连作为生活阳台使用。阳台多为南向或东南向。在本案例中阳台与客厅相连作为客厅的一部分。

项目 1：室内渲染基础知识

【项目 1：内容简介】

一、项目内容简介

本项目主要介绍室内渲染基础知识。

二、项目效果欣赏

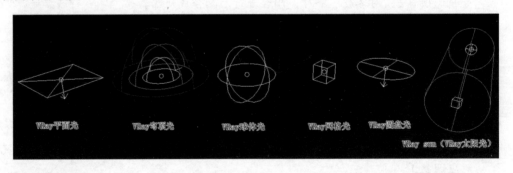

三、项目制作流程

四、项目详细过程

项目引入：

（1）室内空间表现的基本原则是什么？

（2）室内空间表现的基本流程是什么？

（3）VRay 材质主要有哪些属性？

（4）VRay 灯光主要包括哪些灯光？怎样设置灯光参数？

任务一：室内空间表现的基本原则

要想表现出一个理想的室内空间效果，必须遵循美的设计构图法则。所谓美的设计构图法则是指多样统一，也称有机统一，即在统一中求变化，在变化中求统一。在室内空间效果表现中，应遵循如下基本原则。

1. 比例与尺度

一切具有美感的造型都具有和谐的比例关系。在艺术领域，最经典的比例就是黄金分割比例。

在室内空间表现中还有一个与比例相关的概念，即尺度的概念。在室内空间表现中尺度主要研究的是室内的整体或局部，以及给人感觉上的大小印象与真实空间之间的对比关系。一个协调美观的空间尺度必须合理。

2. 主从与重点

在室内空间表现中一定要有主从之分和轻重之分，有核心与外围组织的差别。如果各元素平均分布或同等对待，如排列单一、呆板，很容易给人松散、单调的感觉。

3. 基本的几何形体要统一

简单、统一的基本几何形体很容易产生美感，因为它具有完整的象征性，即抽象的一致性。

4. 均衡与稳定

从静态的角度来说，均衡与稳定具有两种基本形式：对称和非对称。在现代室内空间设计理论中比较注重时间和运动这两个因素，也就是说，人们在室内空间观赏时不是固定在某一个点上，而是在连续运动的过程中观赏，并从不同角度感受室内空间形体的均衡与稳定。即从某一角度看画面是对称的，而从另一角度看是非对称的，但有一点是不变的，无论从哪一个角度看，画面都要均衡和稳定，空间才具有美感。

5. 韵律与节奏

一个理想的室内空间一定具有韵律美和节奏感。所谓韵律美是指有意识地模仿和运用，创造出以条理性、重复性、连续性为特征的美的形式。韵律美主要分为连续韵律、渐变韵律、起伏韵律 3 种。在室内空间效果表现中，主要通过点、线、面来体现画面的韵律美和节奏感。

视频播放：具体介绍请观看配套视频"任务一：室内空间表现的基本原则.mp4"。

【任务一：室内空间表现的基本原则】

任务二：室内空间表现的基本流程

掌握室内空间表现的基本流程，是提升工作效率的有效途径。室内空间表现的基本流程如图 4.1 所示，适用于多种渲染软件。

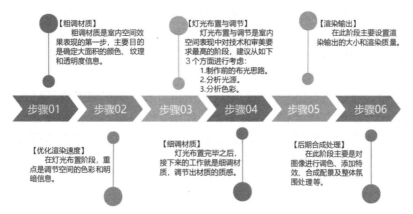

图 4.1　室内空间表现的基本流程

1. 粗调材质

粗调材质是室内空间效果表现的第一步，目的是确定大面积材质的颜色、纹理和透明度。

（1）调节面积较大模型的材质表面亮度、颜色和纹理。灯光效果通过材质才能表现出来，如果没有确定材质的亮度，就无法确定灯光的合适强度。

（2）调节材质的透明度。透明度会影响灯光亮度的调节。例如，玻璃窗的透明度太低，进入室内的阳光就比较少，灯光亮度则要加强。

（3）需要特别注意一点，在粗调材质时不要调节影响渲染速度较大的参数，例如光线跟踪和超级采样等。如果材质的 UV 存在问题，在此阶段就要给材质分配好 UV。

2. 优化渲染速度

在灯光布置阶段，重点是调节空间的色彩和明暗信息。考虑到此阶段对渲染质量要求不高，在进行速度优化时，通常将【渲染场景】对话框的分辨率设置得小一点，关闭【抗锯齿】和【过滤贴图】等参数选项，以提高渲染速度，方便渲染测试。

3. 灯光布置与调节

灯光布置与调节是室内空间表现中对技术和审美要求最高的阶段，建议大家在进行灯光布置与调节时从以下 3 个方面进行考虑。

（1）制作前的布光思路。

想好如何布光是一个非常重要的思考环节，甚至比技术能力还重要，因为技术操作都是以它为中心展开的。在制作前，一定要想好空间表现的最终效果，在脑海中形成一个清晰的画面，包括图像颜色、图像配景、图像光线、图像构图等。后期的制作只不过是通过技术一步一步实现脑海中的效果。如果在制作前没有想好最终效果，只依靠在制作过程中的尝试将很难达到理想的效果。

（2）分析光源。

首先分析主光源是哪一个，次光源包括哪些，其次分析自然光、人工光、虚拟光。

一般情况下，日景的光源主要是白天的自然光（天光和阳光）。在室内空间表现中，很多人认为阳光是最强的光源，其实照亮整个室内空间的却是天光。因为，阳光属于点光源，它对室内照射的面积比较小，即使光源强度较大，影响的面积也小。而天光是阳光的间接光照，阳光越强，天光自然也就越强。

在室内空间表现中，除了自然光以外的所有光源都叫人工光源。例如，台灯、吸顶灯、壁灯、吊灯等。另外，还存在一种特殊的光源叫作虚拟光。虚拟光是指为了烘托画面气氛，在场景中其实不存在的虚拟出来的一种光。

（3）分析色彩。

不同空间对环境氛围的要求有所不同，对色彩基调的要求也不同。例如，客厅、卧室、书房的环境氛围和色彩是不同的。客厅的环境氛围一般要求明快、活泼、自然，不宜采用太强烈的色彩，一般情况下以中性色为主，在整体上给人一种舒适的感觉；卧室的环境氛围一般要求柔和一些，有利于休息，一般以偏暖色调为主；书房的环境氛围要求雅致、庄重、和谐，一般以灰、褐绿、浅蓝等颜色为主，以烘托出书香氛围。

在室内空间表现中，无论是在空间设计阶段还是渲染阶段，不仅要考虑环境氛围和颜色基调，还要注意冷暖色调的搭配，才能达到视觉上的色彩平衡。例如，暖色材料会反射暖色的光。当阳光遇到这些暖色光时，如果面积太大会让人很不舒服，因此要在适当的位置添加一些冷色形成互补，以达到视觉上的色彩平衡。在布光时，天光属于偏蓝色系的冷色，可以作为暖色的补光。

4. 细调材质

灯光布置完毕之后，接下来的工作就是细调材质，调节出材质的质感。

在细调材质之前，需要对材质的物理特性和物理属性进行分析，同时还要综合考虑环境因素。物理特性和物理属性的详细分析在项目 2 中介绍。

5. 渲染输出

在此阶段主要设置渲染输出的大小和渲染质量。

6. 后期合成处理

后期合成处理的目的是使渲染的空间效果变得更加精彩。在此阶段主要是对图像进行调色、添加特效、合成配景以及整体氛围处理等。

视频播放： 具体介绍请观看配套视频"任务二：室内空间表现的基本流程.mp4"。

【任务二：室内空间表现的基本流程】

任务三：了解 VRay 材质属性

虽然 VRay 材质的种类非常多，但只要掌握了材质的物理特性和物理属性，就能融会贯通。下面具体介绍 VRay 材质的物理特性和物理属性。

1.VRay 材质的物理特性

物理特性是指物体表面的纹理（如木纹、布纹、皮纹等）和颜色。纹理是指材质表面的纹理和凹凸效果，在 3ds Max 中主要通过【贴图】卷展栏中的【凹凸】和【漫反射】属性来模拟二维材质效果。但这种方法只是从视觉上来模拟表面的凹凸效果，而实际上模型本身没有凹凸，如果要模拟出真实的凹凸效果，可以通过【贴图】卷展栏中的【置换】来模拟。颜色是指物体的固有色，在 3ds Max 中主要通过材质的【漫反射】参数来设置。

VRay 材质的物理特性主要用来模拟物体的肌理。

2.VRay 材质的物理属性

物理属性主要包括了发光、透明、折射、光滑、反射、高光。

（1）发光属性。

发光材质分受光面对象材质和非受光面对象材质，即材质效果是否受灯光的影响。

非受光面对象材质是指不受周围环境和灯光影响的材质，主要包括如下 4 种。除了以下 4 种之外的材质都属于受光面对象材质。

① 百分之百透明的对象，如空气。

② 百分之百反光的对象，如镜子。

③ 纯黑色的对象，因为纯黑色的材质是完全吸光的，所以归为非受光对象。

④ 自发光材质，如灯泡和发光的物体。

（2）透明属性。

透明属性主要用来设置材质对象（如水、玻璃）的透明程度，在 3ds Max 中主要通过【VRay】中的【折射】和【贴图】中的【不透明度】来实现。

（3）折射属性。

只要物体具有透明效果，物体就会产生折射。在 3ds Max 中主要通过【VRay】中的【折射率】来设置。不同的物体具有不同的折射率。例如：钻石的折射率为 2.4，玻璃的折射率为 1.5～1.7，水的折射率为 1.33。

（4）光滑属性。

光滑程度是指材质表面的粗糙或平滑的程度，与反射的强度成正比，越光滑的物体表面反射就越强。

在 3ds Max 中主要通过【VRay】中的【反射光泽度】来控制材质的光滑程度。该值越小，材质表面的反射越弱，表面越粗糙。

（5）反射属性。

反射属性包括菲涅耳反射和镜面反射两种。在日常生活中，大多数物体的材质都属于菲涅耳反射，凡是与透明有关的材质都属于菲涅耳反射，例如水、玻璃等。在 3ds Max 中主要通过【VRay】中的【菲涅耳反射】和【菲涅耳折射率】来设置。

镜面反射主要通过 3ds Max 中的【反射】属性颜色来设置，颜色越亮，反射越强；颜色越暗，反射越弱。

（6）高光属性。

高光是由对象材质反射高亮物体而产生的，所以，具有反射属性的材质才会产生高光。

> **提示：** VRay 材质中比较典型的玻璃材质、金属材质、陶瓷材质、塑料材质、布纹材质的具体调节，请观看配套素材中的视频介绍。

> **视频播放：** 具体介绍请观看配套视频"任务三：了解 VRay 材质属性.mp4"。

【任务三：了解 VRay 材质属性】

任务四：了解 VRay 灯光系统

VRay 灯光系统主要包括 VRay 面光源、VRay 穹顶光源、VRay 球体光源、VRay 网格光源、VRay Sun。

1. VRay 面光源

VRay 面光源在室内空间表现中是一种常用的灯光类型。VRay 面光源参数面板如图 4.2 所示。

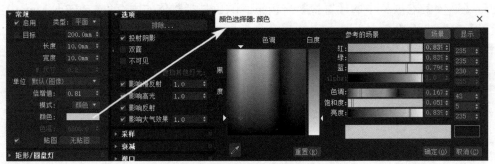

图 4.2　VRay 面光源参数面板

（1）VRay 面光源参数介绍。

①【类型】参数：选择灯光的类型。通过该参数右边的下拉菜单可以在 VRay 面光源、VRay 穹顶光源、VRay 球体光源和 VRay 网格光源之间进行任意切换。

②【倍增】参数：调节灯光的亮度。

③【大小】参数组：包括长度、宽度、尺寸，可调节灯光面积的大小。此外，也可以使用缩放工具调节灯光面积的大小。

④【颜色】参数：调节灯光的颜色。在调节颜色时只需调节颜色的【色调】和【饱和度】，不需要调节【亮度】，因为【亮度】与【倍增】的作用完全相同。如果要调节灯光的亮度，直接调节【倍增】参数值即可。

⑤【投射阴影】参数选项：勾选此项，将渲染出阴影效果，否则不渲染阴影。

⑥【双面】参数选项：勾选此项，灯光的箭头指向失效，灯光双面发光，否则灯光只沿箭头方向照射。默认情况下为不勾选。

⑦【不可见】参数选项：勾选此项，则 VRay 面光源不可见。

⑧【不衰减】参数选项：勾选此项，光线将不会随距离加大而衰减，否则衰减。

⑨【天光入口】参数选项：勾选此项，则【倍增】和【颜色】参数失效，只能通过【渲染设置】对话框中的【环境】卷展栏中的【颜色】值来调节。

⑩【存储发光图】参数选项：勾选此项，则存储发光图，否则不存储发光图。

⑪【影响漫反射】参数选项：勾选此项，VRay 面光源漫反射起作用，否则不起作用。

⑫【影响高光】参数选项：勾选此项，VRay 面光源的高光起作用，否则不起作用。

⑬【影响反射】参数选项：勾选此项，VRay 面光源的反射起作用，否则不起作用。

（2）使用 VRay 面光源的注意事项。

① 如果灯光要透过阻挡物照射某个空间，应尽量减少阻挡物的数量，使照射更加充分，减少噪点。

② 灯光的相对面积越大，噪点越多；相对面积越小，噪点越少。

③ 灯光的阴影与灯光的面积有很大的关系，面积越大，阴影越模糊；面积越小，阴影越清晰。

2. VRay 穹顶光源

VRay 穹顶光源主要用来模拟天光，其优点是在开放的空间中会产生全局照明的效果。

VRay 穹顶光源既可以在室内空间表现中使用，也可以在室外空间表现中使用。在室内空间中，特别是有多个窗户的环境中，VRay 穹顶光源可以自动通过窗户照射光线。这样就可以只设置一盏灯光，既能节省资源，又能达到所需效果。然而，这种方法会产生较多噪点，可以通过增加【细分】参数值来解决噪点问题，且不会影响渲染速度。

> **提示：** VRay 穹顶光源可以作为前期的测试光源，建议不要作为主光源使用。

VRay 穹顶光源的参数与 VRay 面光源的参数基本相同，在此就不再详细介绍。需要注意【球形（完整穹顶）】参数选项，如果勾选此项，光线将进行全局照射，且光线变亮；如果不勾选此项，灯光呈半球形照射，即只能朝某个方向照射。

3. VRay 球体光源

VRay 球体光源在形态上呈球体状。其主要作用是用来模拟点光源效果。例如，模拟台灯的灯泡、大自然中的太阳等。

> **提示：** 在创建 VRay 球体光源时，最好是通过拖拽的方式来创建，因为 VRay 球体光源是可以设置半径值的。如果通过单击方式创建 VRay 球体光源，则半径值为 0，此时灯光没有任何效果，要设置半径值 VRay 球体光源才起作用。

使用 VRay 球体光源时，需要注意以下两点。

① VRay 球体光源可以通过位置的调节来改变照明方向。

② VRay 球体光源可以通过调节体积来改变投影的模糊程度，具体地说，就是通过调节【半径】参数值来实现。

4. VRay 网格光源

VRay 网格光源主要用来模拟较大空间中某些小光源的效果。例如：大的会议室或宴会厅中的灯带、灯罩的自发光效果。使用 VRay 网格光源的模拟效果比没有使用 VRay 网格光源的效果好很多，同时也提高了直接发光的质量。

5. VRay Sun（VRay 太阳光）

VRay Sun 的主要作用是模拟天空。VRay Sun 参数面板如图 4.3 所示。

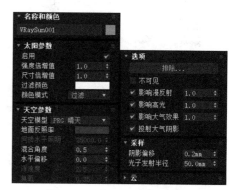

图 4.3　VRay Sun 参数面板

VRay Sun（VRay 太阳光）参数介绍如下。

①【启用】参数选项：勾选此项，启用 VRay Sun 系统。

②【不可见】参数选项：勾选此项，在渲染时，太阳光不可见。

③【浊度】参数：控制悬浮在大气中的固体和液体微粒对日光吸收和散射程度，取值范围为 2～20。浊度越低，场景越亮。

④【臭氧】参数：控制臭氧层对阳光的影响，该值越低，场景越偏向暖色调；该值越高，场景越偏向冷色调。该参数对渲染效果的影响并不明显。

⑤【强度倍增】参数：控制阳光的倍增系数，该值越大，渲染效果越亮。

⑥【大小倍增】参数：控制场景中阳光光源的尺寸倍增系数，该值越大，灯光的面积越大，阴影越模糊，但噪点也会越多。

⑦【过滤颜色】参数：调节太阳光的过滤颜色。

⑧【颜色模式】参数选项：提供【过滤】【直接】【覆盖】三种过滤颜色的形式。

⑨【阴影细分】参数：控制阳光产生的阴影的样本数量，该值越大，产生的阴影越平滑，但渲染的时间也会越长。

⑩【阴影偏移】参数：控制阴影偏移的距离。

⑪【光子发射半径】参数：控制阳光发射的光子半径的大小。

⑫【天空模型】参数选项：提供【CIE 清晰】和【CIE 阴天】两种天空模式。

⑬【间接水平照明】参数：只有在【天空模型】中选择【CIE 清晰】和【CIE 阴天】时，该参数才有效。该值越大，渲染效果越明亮；该值越小，渲染效果越暗淡。

> **提示：** 以上只介绍了灯光的常用参数，具体参数请参考配套素材中的 VRay 灯光详细介绍。

> **视频播放：** 具体介绍请观看配套视频"任务四：了解 VRay 灯光系统.mp4"。

【任务四：了解 VRay 灯光系统】

五、项目小结

本项目主要介绍了室内空间表现基本原则、基本流程、VRay 材质属性、VRay 灯光系统。要求重点掌握室内空间表现的基本流程和 VRay 材质属性。

【项目 1：小结与拓展训练】

六、项目拓展训练

查资料了解室内空间效果表现更详细的流程。室内空间效果表现的详细流程如图 4.4 所示。

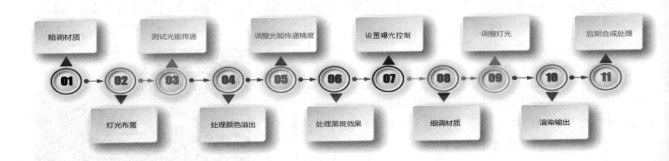

图 4.4　室内空间效果表现的详细流程

项目2：客厅、餐厅、阳台材质粗调

一、项目内容简介

本项目主要介绍客厅、餐厅、阳台材质的粗调方法、步骤。

【项目2：内容简介】

二、项目效果欣赏

三、项目制作流程

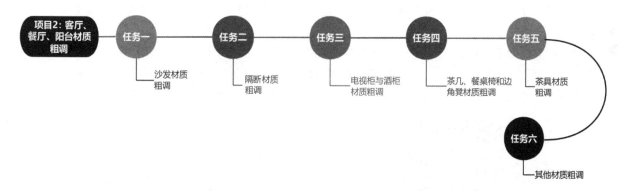

四、项目详细过程

项目引入：

（1）为什么要进行材质粗调？
（2）粗调材质的基本原则是什么？
（3）UVW 贴图的作用和使用方法是什么？
（4）UVW 展开的作用和使用方法是什么？
（5）怎样绘制贴图？

任务一：沙发材质粗调

沙发采用中式风格，沙发框架为黄花梨木，坐垫和靠背采用了传统风格的中式图案。

1. 沙发框架材质粗调

沙发框架材质粗调的主要任务是给沙发框架模型赋予黄花梨木纹和 UV 分配。

步骤1：孤立选择对象。在【场景资源管理器】中选择沙发组。单击【孤立当前选择切换】按钮，即可将选择对象孤立，孤立的沙发组对象如图4.5所示。

步骤2：选择三人沙发框架，单击【材质编辑器】按钮，弹出对话框，在该对话框中选择一个材质示例球并命名为"沙发木纹材质"。单击【将材质指定给选定对象】按钮，即可给沙发框架赋予材质。

步骤 3：单击"沙发框架纹理"材质中【Blinn 基本参数】卷展栏下【漫反射：】右边的【无】按钮■，弹出【材质 / 贴图浏览器】对话框，在该对话框中双击【位图】选项，弹出【选择位图图像文件】对话框，在该对话框中双击"04_木纹贴图"文件，返回【材质编辑器】对话框。

步骤 4：渲染效果。单击【渲染产品】按钮，渲染的效果如图 4.6 所示。从渲染的效果可以看出，已经赋予沙发框架材质，但纹理不对，需要添加 UV。

图 4.5 孤立的沙发组对象

图 4.6 渲染的效果

提示：因为 UV 只能对单个对象起作用，所以把需要添加相同方向纹理的面分离成单个对象。

步骤 5：进入对象的多边形编辑模式。选择需要添加相同方向纹理的面，如图 4.7 所示。

步骤 6：在【修改】面板中单击【分离】按钮，弹出【分离】对话框，具体设置如图 4.8 所示。单击【确定】按钮完成分离操作，分离出来的效果如图 4.9 所示。

步骤 7：方法同上。继续分离出"沙发左侧竖 02""沙发左侧横 01""沙发左侧横 02"。

步骤 8：分别给分离出来的对象添加【UV 贴图】命令。贴图类型选择为【长方体】，根据实际模型要求调节【UV 贴图】的【长度】【宽度】【高度】参数，添加 UV 贴图后的效果如图 4.10 所示。

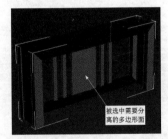

图 4.7 被选中需要分离的多边形面

图 4.8 【分离】对话框

图 4.9 分离出来的效果

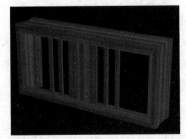

图 4.10 添加 UV 贴图后的效果

步骤 9：方法同上，给沙发支架进行分离和添加 UV 贴图。沙发支架分配好 UV 后的效果如图 4.11 所示。

提示：沙发框架对象多边形面的分离和 UV 贴图的添加，请参考配套素材中的"沙发框架 UV 粗调 .mp4"多媒体视频。

步骤 10：单人沙发框架进行分离和添加 UV 贴图后的效果如图 4.12 所示。

图 4.11　沙发框架分配好 UV 贴图后的效果　　　　图 4.12　单人沙发框架分配好 UV 贴图后的效果

2. 沙发靠背和坐垫材质粗调

给沙发靠背和坐垫添加中式布艺贴图和 UVW 贴图的具体操作方法如下。

步骤 1：孤立选择对象。在【场景资源管理器】中选择沙发坐垫，单击【孤立当前选择切换】按钮即可将选择对象孤立。孤立后的沙发坐垫如图 4.13 所示。

步骤 2：单击【材质编辑器】按钮，弹出对话框，在该对话框中选择一个材质示例球并命名为"沙发靠背与坐垫纹理"，单击【将材质指定给选定对象】按钮，即可给沙发坐垫赋予材质。

步骤 3：标准材质切换为 VRay 材质。单击"沙发靠背与坐垫纹理"材质右边的【Standard】按钮，弹出【材质/贴图浏览器】对话框，在该对话框中双击【VRayMtl】材质即可。

步骤 4：添加漫反射贴图。在【基本参数】卷展栏中单击【漫反射】参数右边的【点击来选择贴图（或拖放贴图）】按钮，弹出【材质/贴图浏览器】对话框，在该对话框中双击【位图】贴图，弹出【选择位图图像文件】对话框，在该对话框中选择"中式沙发布纹 .jpg"图片，单击【打开（O）】按钮。返回【材质编辑器】对话框，再单击【转到父对象】按钮返回上一级。

步骤 5：给沙发坐垫添加 UVW 贴图。选择沙发坐垫，在右侧面板中单击【修改】按钮，切换到【修改】面板。单击【修改器列表】弹出下拉菜单，单击【UVW 贴图】命令，根据选择对象的形状选择贴图类型。【UVW 贴图】参数设置如图 4.14 所示。添加 UVW 贴图后的效果如图 4.15 所示。

图 4.13　孤立后的沙发坐垫　　　图 4.14　【UVW 贴图】参数设置　　　图 4.15　添加 UVW 贴图后的效果

步骤 6：方法同上。给其他沙发坐垫和靠背添加布纹和 UVW 贴图。沙发坐垫和靠背贴图后的效果如图 4.16 所示。

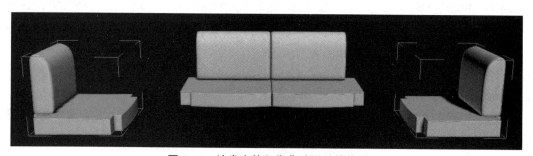

图 4.16　沙发坐垫和靠背贴图后的效果

提示：【UVW 贴图】的参数需要根据不同沙发坐垫和靠背的大小进行调节。

3. 沙发抱枕材质粗调

沙发抱枕材质粗调的主要任务是给沙发抱枕添加材质和 UVW 展开。具体操作如下。

（1）给沙发抱枕添加材质。

步骤 1：选择并孤立对象。在左边的【选择列表】中选择"抱枕 01"，单击【孤立当前选择切换】按钮，将选择的对象孤立出来。

步骤 2：给选定对象添加指定材质。单击【材质编辑器】按钮，弹出对话框，选择一个材质示例球，命名为"沙发抱枕材质"，并将 standard（标准材质）切换为 VRayMtl 材质，指定的材质如图 4.17 所示。

步骤 3：给沙发抱枕指定贴图。单击"漫反射"右边的【点击来选择贴图（或拖放贴图）】按钮，弹出【材质／贴图浏览器】对话框，在该对话框中双击【位图】选项，弹出【选择位图图像文件】对话框，在该对话框中选择"抱枕布纹 05.jpg"图片，单击【打开（O）】按钮，即可给选定对象指定材质，指定材质的抱枕如图 4.18 所示。

（2）给指定材质的抱枕展 UV。

从图 4.17 可以看出，指定材质的抱枕边缘出现了拉伸，出现此种情况的原因是抱枕的 UV 出现了问题。下面详细介绍抱枕 UV 的展开。

步骤 1：移除 UVW。选择抱枕，在抱枕上单击鼠标右键，弹出快捷菜单，单击【转换为】→【转换为可编辑网格】命令，在面板中单击【实用程序】→【更多…】按钮，弹出【实用程序】对话框。在该对话框中双击【UVW 移除】命令，再在右侧面板中单击【UVW】按钮即可。

步骤 2：将抱枕转换为可编辑多边形。在抱枕上单击鼠标右键，弹出快捷菜单，单击【转换为】→【转换为可编辑多边形】命令即可。

步骤 3：对抱枕进行 UVW 展开。在右侧面板中单击【修改器列表】，弹出下拉列表，单击【UVW 展开】命令。添加 UVW 展开的效果如图 4.19 所示。

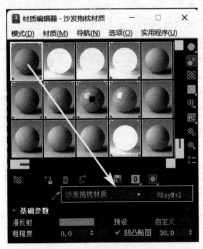

图 4.17　指定的材质

图 4.18　指定材质的抱枕

图 4.19　添加 UVW 展开的效果

步骤 4：选择抱枕的循环边。在【修改】面板中，切换到 UVW 的边选择状态，选择如图 4.20 所示的边层级。在场景中选择抱枕的循环边如图 4.21 所示。

步骤 5：沿选择的边，将 UV 断开。单击【打开 UV 编辑器…】按钮，弹出【编辑 UVW】编辑器。在该编辑器中单击【断开】按钮即可。

步骤 6：选择抱枕的 UV 面。在【编辑 UVW】编辑器中单击【按原色 UV 切换选择】按钮，再单击【多边形】按钮，在【编辑 UVW】编辑器中选择面。选择的面如图 4.22 所示。

图 4.20　切换到边层级

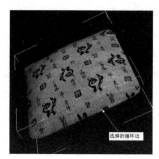
图 4.21　选择的循环边

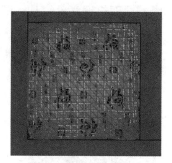
图 4.22　选择的面

步骤 7：编辑 UV 面。在【编辑 UVW】编辑器菜单中单击【工具】→【松弛…】命令，弹出【松弛工具】对话框，如图 4.23 所示。单击【开始松弛】按钮，开始对选定的面进行松弛操作。达到要求之后，单击【应用】按钮完成松弛操作。松弛后的效果如图 4.24 所示。

步骤 8：方法同步骤 7。对抱枕的另一面进行松弛操作。

（3）给抱枕收边线添加贴图和 UVW 贴图。

步骤 1：给抱枕收边线添加材质。选择抱枕收边线模型，在【材质编辑器】中选择"沙发抱枕材质"，再单击【将材质指定给选定对象】按钮即可。

步骤 2：给抱枕收边线添加 UVW 贴图。在【修改】面板中单击【修改器列表】，弹出下拉列表，单击【UVW 贴图】命令即可。设置贴图类型为【长方体】类型。长度、宽度、高度的参数具体要根据所需效果设置。最终抱枕效果如图 4.25 所示。

图 4.23　【松弛工具】对话框

图 4.24　松弛后的效果

图 4.25　最终抱枕效果

步骤 3：其他抱枕的材质粗调方法同上，所有沙发抱枕效果如图 4.26 所示。

提示： 如果对抱枕的材质不满意，只要替换材质的贴图即可。例如，将"抱枕布纹 05.jpg"替换为"抱枕布纹 09.jpg"后的效果如图 4.27 所示。

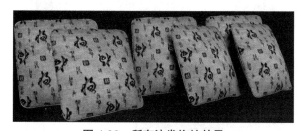
图 4.26　所有沙发抱枕效果

图 4.27　替换贴图后的抱枕效果

视频播放： 具体介绍请观看配套视频"任务一：沙发材质粗调.mp4"。

【任务一：沙发材质粗调】

任务二：隔断材质粗调

客厅与阳台之间的隔断与沙发框架采用同样的材质，材质粗调的方法也基本一致。在这里只介绍隔断曲面材质的粗调方法，其他材质请参考沙发材质的粗调方法或配套视频。

隔断曲面粗调材质的具体操作方法如下。

步骤 1：选择隔断模型，将其孤立显示。

步骤 2：打开【材质编辑器】，将木纹材质赋予隔断模型。

步骤 3：创建样条线。进入"隔断外轮廓"对象的边编辑模式，选择的循环边如图 4.28 所示。在【修改】面板中单击【利用所选择内容创建图形】按钮，弹出【创建图形】对话框，如图 4.29 所示。单击【确定】按钮，创建的样条线如图 4.30 所示。

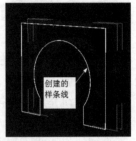

图 4.28　选择的循环边　　　　　图 4.29　【创建图形】对话框　　　　　图 4.30　创建的样条线

步骤 4：给"隔断外轮廓"模型添加【UVW 展开】修改命令。进入【UVW 展开】的多边形层级。选择的内外循环面如图 4.31 所示。在【修改】面板中单击【投影】卷展栏参数下的【平面贴图】按钮，再单击【Y】按钮即可对选定的面进行展 UV。展 UV 后的效果如图 4.32 所示。

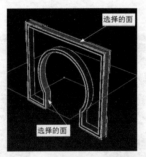

图 4.31　选择的内外循环面　　　　　图 4.32　展 UV 后的效果

步骤 5：对"隔断外轮廓"的侧面进行展 UV。选择"隔断外轮廓"的侧面，在【修改】面板中单击【包裹】卷展栏下的【样条线贴图】按钮，弹出【可编辑贴图参数】对话框。在该对话框中单击【拾取样条线】按钮，在场景中单击"隔断 UV 展开样条线"。设置【可编辑贴图参数】对话框中的参数，如图 4.33 所示。单击【提交】按钮完成展 UV，效果如图 4.34 所示。

图 4.33　可编辑贴图参数　　　　　图 4.34　展 UV 后的效果

步骤 6：方法同步骤 5。对"隔断外轮廓"的另一侧进行样条线展 UV。

步骤 7：在【修改】面板中单击【打开 UV 编辑器…】按钮，弹出【编辑 UVW】编辑器。在该编辑器中对 UV 进行缩放操作。【编辑 UVW】编辑器如图 4.35 所示。编辑 UVW 后的效果如图 4.36 所示。

步骤 8：对"隔断隔板"进行粗调，具体调节方法与沙发框架粗调方法完全相同，在此就不再详细介绍，可参考沙发框架的调节方法或参考配套视频。隔断最终的粗调效果如图 4.37 所示。

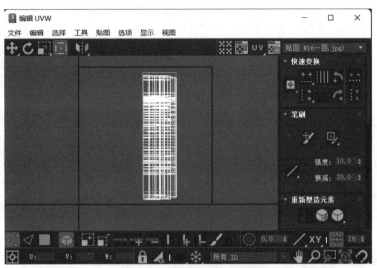

图 4.35　【编辑 UVW】编辑器

图 4.36　编辑 UVW 后的效果

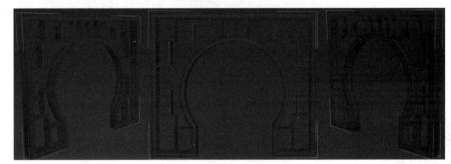

图 4.37　隔断最终的粗调效果

视频播放： 具体介绍请观看配套视频"任务二：隔断材质粗调 .mp4"。

【任务二：隔断
材质粗调】

任务三：电视柜与酒柜材质粗调

电视柜与酒柜主要有 3 种材质：木纹材质、铜材质、玻璃材质。在粗调材质阶段，玻璃材质只需设置为透明即可。

1. 制作电视柜和酒柜的材质

电视柜和酒柜材质主要有木纹材质、拉手材质、玻璃材质，具体制作方法如下。

（1）制作"木纹材质 01"。

步骤 1：打开【材质编辑器】。在工具栏中单击【材质编辑器】按钮即可。

步骤 2：在【材质编辑器】中选择一个空白示例球，命名为"木纹材质 01"，单击【Standard】按钮，弹出【材质 / 贴图浏览器】对话框，在该对话框中双击【VRayMtl】命令，即可将标准材质切换为 VRayMtl 材质。"木纹材质 01"如图 4.38 所示。

步骤 3：给漫反射添加木纹贴图。单击【漫反射】参数右边的【点击来选择贴图（或拖放贴图）】按钮，弹出【材质 / 贴图浏览器】对话框，在该对话框中双击【位图】贴图选项，弹出【选择位图图像文件】对话框，在该对话框中选择"木纹 067.jpg"图片。单击【打开】按钮即可。

（2）制作拉手材质。

步骤 1：打开【材质编辑器】，选择一个空白示例球，命名为"拉手材质"。

步骤 2：将 Standard 材质转换为 VRayMtl 材质。

步骤 3：设置【漫反射】的颜色为橘红色。单击【漫反射】右边的【指定材质的漫反射颜色】标签 ▭ ，弹出【颜色选择器】对话框，在该对话框中设置颜色的 RGB 参数，漫反射颜色如图 4.39 所示。

步骤 4：方法同步骤 3。设置【反射】的颜色为淡黄色（R：352，G：166，B：53）。

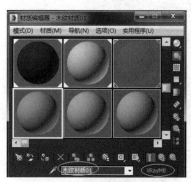

图 4.38 "木纹材质 01"

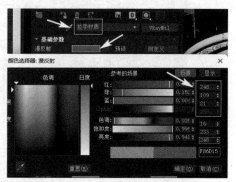

图 4.39 漫反射颜色

步骤 5：设置【高光光泽度】为 0.73，使材质不要产生过高的高光；设置【放射光泽度】为 0.87，使材质产生一些磨砂的效果；设置【细分】为 30。

步骤 6：在【双向反射分布函数栏】中，设置【各项异性】参数为 0.6，使材质的高光产生拉伸效果。

提示：【各项异性】参数值在 0.9 之内，高光效果就会尖锐，呈长条状，类似于拉丝的高光效果。

（3）玻璃材质。

对于玻璃材质来说，通常将【漫反射】的颜色设置为纯黑色，因为纯黑色在反射的物体上，尤其是玻璃物体上产生的反射效果非常干净清晰。

步骤 1：打开【材质编辑器】，选择一个空白示例球并命名为"玻璃材质"，将 Standard 材质转换为 VRayMtl 材质。

步骤 2：将"玻璃材质"的【漫反射】的颜色设置为灰色（RGB 的值都为 196，此值可以根据环境渲染的需要进行适当的调节）。

步骤 3：将"玻璃材质"的【折射】的颜色设置为纯白色（RGB 的值都为 255），使材质 100% 透明。

步骤 4：调节"玻璃材质"的厚度，设置【折射】中的【烟雾颜色】（R：224，G：227，B：220）。

2. 将制作好的材质赋予电视柜和酒柜

将调节好的"木纹材质 01""拉手材质""玻璃材质"分别赋予电视柜和酒柜。再根据贴图要求给电视柜和酒柜的对象添加 UVW 贴图。贴图方式和参数需要根据对象的实际要求进行调节。具体贴图方式和参数调节可以参考前面介绍的给沙发添加 UVW 贴图。

添加材质和 UVW 贴图后电视柜和酒柜的效果如图 4.40 所示。

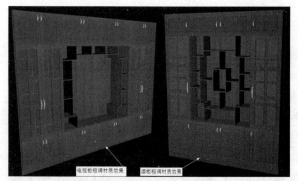

图 4.40 添加材质和 UVW 贴图后电视柜和酒柜的效果

视频播放：具体介绍请观看配套视频"任务三：电视柜与酒柜材质粗调.mp4"。

任务四：茶几、餐桌椅、边角凳材质粗调

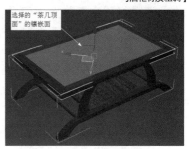

【任务三：电视柜
与酒柜材质粗调】

茶几、餐桌椅、边角凳与沙发具有相同的纹理，使用前面沙发的木纹材质即可。

1. 茶几材质粗调

茶几材质粗调的主要任务是将"沙发框架纹理"材质赋予茶几，并添加 UVW 贴图。根据茶几的纹理选择 UVW 贴图的贴图方式和参数设置。具体操作步骤如下。

步骤 1：选择茶几模型。单击【孤立当前选择切换】按钮。将选择的茶几孤立显示。

图 4.41　选择的茶几顶面

步骤 2：按键盘上的"4"键，进入"茶几顶面"模型的多边形编辑层级，选择"茶几顶面"模型中镶嵌面的上下面，选择的茶几顶面如图 4.41 所示。

步骤 3：在【修改】面板中单击【分离】按钮，弹出【分离】对话框，具体参数设置如图 4.42 所示。单击【确定】按钮即可将选择的面分离成一个单独模型对象。

图 4.42　【分离】对话框参数设置

步骤 4：给分离出来的对象添加 UVW 贴图，根据模型的形态选择贴图方式并调节参数，再次选择【平面】贴图方式。添加 UVW 贴图后的效果如图 4.43 所示。

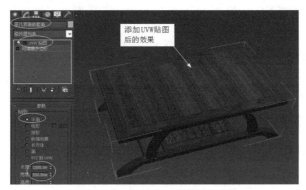

图 4.43　添加 UVW 贴图后的效果

步骤 5：方法同上。继续对茶几模型进行分离和添加 UVW 贴图操作，茶几的最终效果如图 4.44 所示。

2. 餐桌椅和边角凳材质粗调

餐桌椅和边角凳材质粗调的方法与茶几相同，材质纹理也一样，在此就不再详细介绍，具体操作可以参考配套视频或以上方法。粗调材质的餐桌椅和边角凳如图 4.45 所示。

图 4.44　茶几的最终效果

图 4.45　粗调材质的餐桌椅和边角凳

视频播放： 具体介绍请观看配套视频"任务四：茶几、餐桌椅、边角凳材质粗调.mp4"。

任务五：茶具材质粗调

茶具材质主要包括青瓷材质、不锈钢材质、茶色玻璃材质、木纹材质等。粗调方法是将调节好的材质赋予茶具模型并调节 UV 贴图。

1. 青瓷材质

步骤 1：打开【材质编辑器】，选择一个空白示例球并命名为"茶具青瓷材质"，将 Standard 材质转换为 VRayMtl 材质。

步骤 2：将"茶具青瓷材质"的【漫反射】颜色设置为偏蓝的绿色（R：77，G：125，B：98）。

步骤 3：将"茶具青瓷材质"的【反射】颜色设置为偏绿的颜色（R：203，G：214，B：201）。

步骤 4：其他参数采用默认值。

提示： 设置反射，一方面可以使青瓷具有反射的效果；另一方面，在瓷器最亮的部分会产生带有颜色的高光。为了增强瓷器的质感，不能把反射的颜色简单地调节为白色，而是要让它的高光处也带有颜色。这样才能提升整个瓷器的质感。

2. 不锈钢材质

不锈钢材质的特性是具有非常强烈的反射，它反射到的部分和白色部分会形成鲜明对比。反射强烈的金属并不是只有不锈钢，有些金属材质的反射效果可能比不锈钢更强，因此，在调节不锈钢材质的时候，要注意它的反射强度。不锈钢材质的具体制作方法如下。

步骤 1：打开【材质编辑器】，选择一个空白示例球并命名为"不锈钢材质"，并将 Standard 材质转换为 VRayMtl 材质。

步骤 2：将"不锈钢材质"的【漫反射】颜色设置为纯黑色。

步骤 3：将"不锈钢材质"的【反射】颜色设置为纯白色。

步骤 4：取消"不锈钢材质"的【菲涅耳反射】的勾选。其他参数采用默认设置即可。

3. 茶色烤漆玻璃材质

茶色烤漆玻璃材质非常具有现代感，具有镜子的特征，但没有透明度，只是在颜色上与镜子有一些区别。茶色烤漆玻璃可以看作是一面有颜色的镜子。

步骤 1：打开【材质编辑器】，选择一个空白示例球并命名为"茶色烤漆玻璃材质"。

步骤 2：将材质转换为"混合"材质。单击"茶色烤漆玻璃材质"右边的【Standard】按钮，弹出【材质 / 贴图浏览器】对话框，在该对话框中双击【混合】材质即可。

步骤 3：单击【材质 1】右边的按钮，进入【材质 1】面板，将【材质 1】由 Standard 材质转换为 VRayMtl 材质。

步骤 4：将【漫反射】的颜色设置为纯黑色，【反射】的颜色设置为纯白色，取消【菲涅耳反射】的勾选，其他参数采用默认值。

步骤 5：单击【转到父对象】按钮，返回上一层级。

步骤 6：单击【材质 2】右边的按钮，进入【材质 2】面板，将【材质 2】由 Standard 材质转换为 VRayMtl 材质。

步骤 7：将【漫反射】的颜色设置为黄色（R：232，G：131，B：0），【反射】的颜色设置为灰色（RGB 的值都为 55），取消【菲涅耳反射】的勾选，其他参数采用默认值。

步骤 8：单击【转到父对象】按钮，返回上一层级。

步骤 9：单击【遮罩】右边的按钮，弹出【材质 / 贴图浏览器】对话框，在该对话框中双击【位图】材质，弹出【选择位图图像文件】对话框，在该对话中双击 "jzdzl.jpg" 图片即可。

4. 将所有材质赋予茶具

将制作好的"茶具青瓷材质""不锈钢材质""茶色烤漆玻璃材质"和前面制作的"木纹材质"赋予茶具，并根据实际要求添加 UVW 贴图。粗调材质后的茶具效果如图 4.46 所示。具体操作请参考配套教学视频。

【模型：茶具】

图 4.46　粗调材质后的茶具效果

视频播放：具体介绍请观看配套视频"任务五：茶具材质粗调.mp4"。

【任务五：茶具
材质粗调】

任务六：其他材质粗调

1. 吊灯材质粗调

吊灯主要由两种材质组成，一种是 VR 灯光材质，另一种是木纹材质。吊灯表面赋予 VR 灯光材质，支架赋予木纹材质。具体操作如下。

步骤 1：打开【材质编辑器】，选择一个空白示例球并命名为"VR 材质"。

步骤 2：将"Standard"材质转换为"VR- 灯光材质"。单击"VR 材质"右边的【Standard】按钮，弹出【材质 / 贴图浏览器】对话框，在该对话框中双击【VR- 灯光材质】命令即可。参数采用默认设置。

步骤 3：将"VR 材质"和"木纹材质 01"赋予吊灯，根据实际要求给吊灯的各个模型添加 UVW 贴图。粗调材质的吊灯效果如图 4.47 所示。

步骤 4：方法同上。给另外两盏吊灯赋予"VR 材质"和"木纹材质 01"材质，并根据实际要求给吊灯的各个模型添加 UVW 贴图。

2. 装饰画和吊顶装饰材质粗调

装饰画主要指餐厅装饰挂画、沙发装饰挂画、电视背景挂画、阳台隔断挂画。装饰画的画框材质主要使用前面介绍的"木纹材质 01"，装饰画主要使用 VRayMtl 材质，在 VRayMtl 材质的【漫反射】中添加一张图片即可，粗调材质的装饰画效果如图 4.48 所示。

图 4.47　粗调材质的吊灯效果

吊顶材质主要使用前面介绍的"沙发木纹材质"，添加 UVW 贴图，根据实际情况调节 UVW 贴图参数即可。吊顶装饰的粗调材质效果如图 4.49 所示。

图 4.48　粗调材质的装饰画效果　　　　　　图 4.49　吊顶装饰的粗调材质效果

3. 电视机材质的调节

电视机主要由电视机屏幕、电视机主体和支架、电视机标志等构成。在此，电视机屏幕主要通过屏幕材质来模拟，主体和支架主要采用钢琴烤漆材质，标志主要采用不锈钢材质。电视机材质的具体制作方法如下。

步骤 1：打开【材质编辑器】，选择一个空白材质示例球并命名为"电视机材质"。

步骤 2：将标准材质切换为"多维 / 子对象"材质。单击【Standard】按钮，弹出【材质 / 贴图浏览器】对话框，在该对话框中双击【多维 / 子对象】命令即可。

步骤 3：设置材质子对象数量。单击【设置数量】按钮，弹出【设置材质数量】对话框，在该对话框中设置材质数量为 2，单击【确定】按钮即可。

步骤 4：单击 ID 号为"1"的子材质中的【无】按钮，弹出【材质 / 贴图浏览器】对话框，在该对话框中双击【VRayMtl】命令，即可将 ID 号为"1"的子材质切换为 VRayMtl 材质，将该材质命名为"钢琴烤漆"。

步骤 5：设置"钢琴烤漆"材质中【漫反射】的颜色（R：8，G：8，B：8）。

步骤 6：设置"钢琴烤漆"材质中【反射】的颜色（R：193，G：193，B：193）。设置【高光光泽度】为 0.71、【反射光泽度】为 0.95、【细分】值为 16。其他值采用默认设置。

步骤 7：将 ID 号为"2"的子材质切换为 VRayMtl 材质，并命名为"屏幕"。

步骤 8：设置"屏幕"材质中【漫反射】的颜色（R：2，G：2，B：2）。

步骤 9：将"屏幕"材质中的【反射】的颜色设置为纯白色，也就是 100％的反射，将【反射光泽度】设置为 0.97，【细分】设置为 8。

步骤 10：将"电视机材质"赋予电视机的屏幕、主体和支架，再将前面制作的"不锈钢"材质赋予电视机的标志。最终效果如图 4.50 所示。

图 4.50　赋予材质的电视机效果

4. 窗帘材质的制作

窗帘材质的具体制作方法如下。

（1）纱帘材质的制作。

纱帘通常是透明或半透明的，所以需要使用 VRay 的双面材质进行调节。

步骤 1：打开【材质编辑器】，选择一个空白材质示例球并命名为"纱帘材质"。

步骤 2：将标准材质切换为"VRay2SidedMtl"材质。单击【Standard】按钮，弹出【材质 / 贴图浏览器】对话框，在该对话框中双击【VRay2SidedMt】命令，弹出【替换材质】对话框，在该对话框中选择【丢弃旧材质】选项，单击【确定】按钮即可。

步骤 3：单击"正面材质"右边的【无】按钮，弹出【材质 / 贴图浏览器】对话框，在该对话框中双击【VRayMtl】命令，进入"VRayMtl"材质参数面板。

步骤 4：将【漫反射】的颜色设置为灰色（RGB 的值都为 255）。

步骤 5：纱帘不具有反射效果，【反射】参数保持默认设置即可，但它具有一定的透明度，所以要将【折射】的颜色设置为灰色（RGB 的值都为 69），同时将【光泽度】的值设置为 0.7，【细分】的值为 50，【折射率】的值为 1。

步骤 6：纱帘的"背面材质"与"正面材质"的参数完全相同，参考"正面材质"的参数即可。

步骤 7：将"纱帘材质"赋予帘纱模型。

（2）窗帘布材质的制作。

步骤 1：打开【材质编辑器】，选择一个空白材质示例球并命名为"窗帘遮挡材质"。

步骤 2：将 Standard 材质转换为 VRayMtl 材质。给【漫发射】添加一张如图 4.51 所示的图片，其他参数采用默认设置。

步骤 3：将"窗帘遮挡材质"赋予窗帘布模型，将前面制作的"木纹材质 01"赋予窗帘盒模型。分别给"窗帘布模型"和"窗帘盒模型"添加 UVW 贴图，设置贴图类型为长方体，根据实际要求调节参数。最终窗帘效果如图 4.52 所示。

图 4.51　"窗帘遮挡材质"贴图　　　　　　　图 4.52　赋予材质的窗帘效果

5. 酒瓶、茶叶罐材质的制作

酒瓶、茶叶罐材质的制作方法和参数设置基本相同，只是【漫发射】的贴图图片不同而已。在此，以"将军罐茶叶罐材质"为例进行介绍，其他材质可参考配套教学视频。

步骤 1：打开【材质编辑器】，选择一个空白材质示例球并命名为"将军罐茶叶罐材质"。

步骤 2：将 Standard 材质转换为 VRayMtl 材质。给【漫发射】添加一张如图 4.53 所示的图片，其他参数采用默认设置。

步骤 3：将【反射】的颜色设置为纯白色（RGB 的值都为 255），【高光光泽度】的值为 0.84，【反射光泽度】为 1。

步骤 4：将【自发光】的颜色设置为浅黑色（RGB 的值都为 18）。

步骤 5：将调节好的材质赋予茶叶罐模型，最终效果如图 4.54 所示。

酒瓶、茶叶罐效果如图 4.55 所示。

图 4.53　"将军罐茶叶罐材质"贴图　　　图 4.54　最终茶叶罐效果　　　图 4.55　酒瓶、茶叶罐效果

视频播放：具体介绍请观看配套视频"任务六：其他材质粗调.mp4"。

【任务六：其他
材质粗调】

五、项目小结

本项目主要介绍了室内空间材质粗调的方法、步骤，包括 UVW 贴图、UVW 展开和玻璃、陶瓷、木纹等材质的粗调。要求重点掌握粗调材质的方法、步骤以及 UVW 展开的方法。

【模型：客厅、
餐厅和阳台
材质粗调】

六、项目拓展训练

根据所学知识，打开"拓展训练客厅、餐厅和阳台 .max"文件，对材质进行粗调，调节完毕之后保存为"拓展训练客厅、餐厅和阳台材质粗调 ok.max"文件。最终效果如图 4.56 所示。

【项目 2：小结和
拓展训练】

图 4.56 最终效果

项目 3：参数优化、灯光布置、输出光子图

一、项目内容简介

本项目主要介绍参数优化、灯光布置、输出光子图。

【项目 3：内容
简介】

二、项目效果欣赏

三、项目制作流程

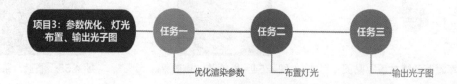

四、项目详细过程

项目引入：

（1）为什么要优化渲染参数？

（2）怎样优化渲染参数？

（3）怎样布置灯光？灯光布置的基本原则是什么？

（4）为什么要输出光子图？输出光子图的基本原则是什么？

本项目中，光源主要由室外的天光和室内的人工光组成，天光一般采用冷色调，室内的人工光主要烘托场景气氛，采用偏暖色调的光源。在布置灯光时，要先布置对场景影响最大的灯光，再布置对场景影响比较小的灯光。在本项目中对场景影响比较大的是天光，所以要先布置天光。布置天光的方法主要有两种：一种是使用环境光，另一种是使用 VRay 面光。

任务一：优化渲染参数

在布置灯光之前首先要对渲染参数进行设置，在菜单栏中单击【渲染（R）】→【渲染设置（R）...】命令或按键盘上的"F10"键，弹出【渲染设置】对话框，在该对话框中主要对【公用】【V-Ray】【GI（间接照明）】进行设置。

步骤 1：设置【公用】参数。单击【公用】按钮，切换到【公用】参数设置面板，在该参数面板中设置图片的输出大小。【公用】参数设置如图 4.57 所示。

在此需要注意图片大小的设置，因为它直接关系到最终出图大小。最终出图大小可以放大到原图的 4 倍。

步骤 2：设置【V-Ray】参数。单击【V-Ray】按钮，切换到【V-Ray】参数设置面板，参数设置如图 4.58 所示。

步骤 3：设置【GI（间接照明）】参数。单击【GI（间接照明）】按钮，切换到【GI（间接照明）】参数设置面板，参数设置如图 4.59 所示。

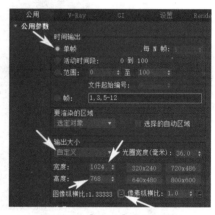

图 4.57 【公用】参数设置

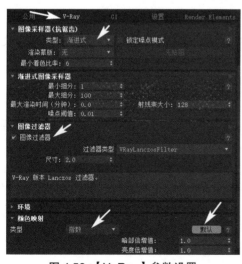

图 4.58 【V-Ray】参数设置

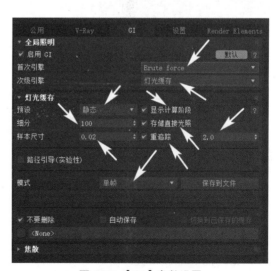

图 4.59 【GI】参数设置

视频播放：具体介绍请观看配套视频"任务一：优化渲染参数.mp4"。

【任务一：优化
渲染参数】

任务二：布置灯光

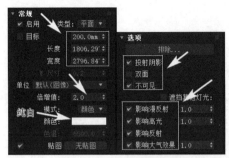

图 4.60　灯光参数设置

该任务中的灯光主要包括自然光（天光）和人工光。具体布置方法如下。

1. 天光的布置

步骤 1：在面板中单击【创建】➕→【灯光】💡→【VRayLight】按钮，在【前视图】或【左视图】中创建一盏面光源。灯光参数设置如图 4.60 所示。

步骤 2：在视图中调节创建的"平面"灯光的位置，以实例方式再复制一盏，调节位置并旋转。两盏灯的具体位置如图 4.61 所示（这两盏灯在阳台和厨房窗户的附近）。

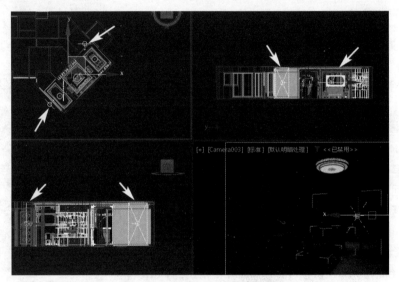

图 4.61　两盏灯光的具体位置

2. 人工光的布置

该任务中的人工光主要有灯带和室内照明灯。人工光主要采用暖色调。先布置灯带，再布置室内照明灯。

（1）灯带的布置。

灯带主要通过给模型赋予 VR 灯光材质来实现。具体操作如下。

步骤 1：使用【线】命令，在【顶视图】中绘制 3 条闭合的灯带曲线，并设置闭合曲线参数，具体设置如图 4.62 所示。

步骤 2：调节灯带的位置，如图 4.63 所示。

步骤 3：打开【材质编辑器】，选择一个空白示例球，并命名为"灯带材质"。将标准材质切换为 VR 材质。"灯带材质"参数如图 4.64 所示。

步骤 4：将灯光材质赋予灯带模型。

（2）室内照明灯的布置。

室内照明主要在餐厅、客厅、阳台的上方添加平面灯光。它们的参数完全相同，只是大小不同。

步骤 1：在面板中单击【创建】➕→【灯光】💡→【VRayLight】按钮，在【顶视图】中创建一盏面光源。照明灯参数如图 4.65 所示。

步骤 2：在【前视图】或【左视图】中调节灯光的高度，它的高度与灯带的高度相同。再以实例方式复制两盏，使用【移动】和【旋转】工具对灯光进行移动和旋转。三盏照明灯的位置如图 4.66 所示。

图 4.62　灯光参数设置

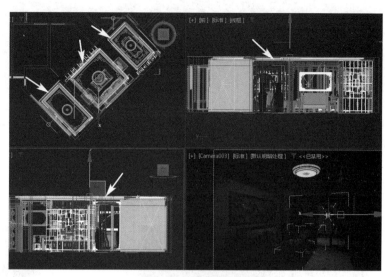

图 4.63　灯带的位置

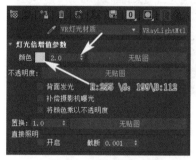

图 4.64　"灯带材质"参数

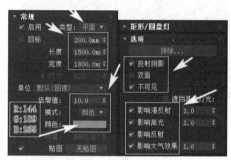

图 4.65　照明灯参数

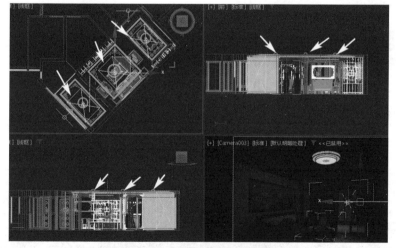

图 4.66　三盏照明灯的位置

【模型：客厅、餐厅和阳台灯光布置】

步骤 3：灯光基本布置完毕，布置完灯光后的效果如图 4.67 所示。

图 4.67　布置完灯光后的效果

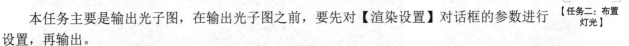

视频播放： 具体介绍请观看配套视频"任务二：布置灯光.mp4"。

任务三：输出光子图

本任务主要是输出光子图，在输出光子图之前，要先对【渲染设置】对话框的参数进行设置，再输出。

步骤1：在菜单栏中单击【渲染（R）】→【渲染设置（R）...】命令或按键盘上的"F10"键，弹出【渲染设置】对话框。

步骤2：单击【公用】选项，切换到【公用】参数对话框，设置【输出大小】为1024×768。

步骤3：单击【GI】选项，切换到【GI】参数对话框。【GI】参数设置如图4.68所示。

步骤4：单击【渲染】按钮，即可渲染并输出光子图。输出的光子图效果如图4.69所示。

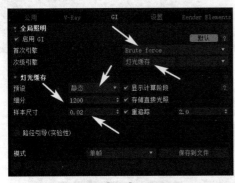

图4.68 【GI】参数设置

图4.69 输出的光子图效果

步骤5：切换摄像机，继续渲染其他摄像机视图的光子图。

视频播放： 具体介绍请观看配套视频"任务三：输出光子图.mp4"。

五、项目小结

本项目主要介绍了优化渲染参数、布置灯光、输出光子图。要求重点掌握灯光布置的方法、基本流程以及光子图的作用和输出。

六、项目拓展训练

根据所学知识，打开"拓展训练客厅、餐厅和阳台材质粗调 ok.max"文件，进行灯光布置和输出光子图。最终效果如图4.70所示。

图4.70 最终效果

项目4：客厅、餐厅、阳台材质细调和渲染输出

一、项目内容简介

本项目主要对客厅、餐厅、阳台的材质进行细调，以及渲染分色图和 AO 图。

二、项目效果欣赏

三、项目制作流程

四、项目详细过程

项目引入：

（1）为什么要细调材质？

（2）细调材质的方法什么？

（3）在细调材质阶段是否可以调节灯光？

（4）在细调材质阶段哪些参数可以调节？

（5）细调材质之后的效果图在输出时需要调节哪些参数？

（6）怎样渲染分色图和 AO 图？

任务一：调节木纹材质

1.设置渲染参数

在调节木纹材质之前需要重新调节【渲染设置】对话框中的参数，具体调节如下。

步骤 1：在菜单栏中单击【渲染（R）】→【渲染设置（R）…】命令或按键盘上的"F10"键，弹出【渲染设置】对话框。

步骤 2：单击【V-Ray】选项，切换到【V-Ray】参数设置面板，勾选【图像过滤器】选项和【光泽效果】选项。其他参数采用默认设置即可。

2. 调节木纹材质

木纹材质在室内空间中用得比较多，所以先来细调木纹材质。细调材质的原则是先从对空间影响最大的材质进行调节。

步骤 1：单击【材质编辑器】按钮▦，弹出对话框。

步骤 2：拾取需要编辑的木纹材质。在【材质编辑器】对话框中选择一个空白示例球，单击【从对象拾取材质】按钮✎，再在场景中单击赋予了木纹材质的对象。例如：单击"沙发框架"对象，即可将"木纹材质 01"拾取出来。

步骤 3：设置"木纹材质 01"的参数，如图 4.71 所示。

视频播放：具体介绍请观看配套视频"任务一：调节木纹材质.mp4"。

【任务一：调节
木纹材质】

任务二：调节纱帘材质

步骤 1：拾取需要编辑的"纱帘材质"。在【材质编辑器】对话框中选择一个空白示例球，单击【从对象拾取材质】按钮✎，在场景中单击"窗帘纱"对象。

步骤 2：调节"纱帘材质"。"纱帘材质"参数设置如图 4.72 所示。

步骤 3："纱帘材质"的背面材质是以实例方式复制正面材质的，在此就不再详细介绍。

视频播放：具体介绍请观看配套视频"任务二：调节纱帘材质.mp4"。

【任务二：调节
纱帘材质】

任务三：调节拉手材质

步骤 1：拾取需要编辑的"拉手材质"。在【材质编辑器】对话框中选择一个空白示例球，单击【从对象拾取材质】按钮✎，在场景中单击任意一个门的"拉手"对象。

步骤 2：调节"拉手材质"。"拉手材质"参数设置如图 4.73 所示。

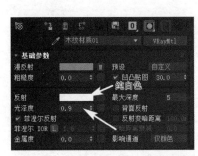

图 4.71 "木纹材质 01"参数设置

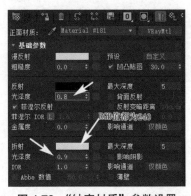

图 4.72 "纱帘材质"参数设置

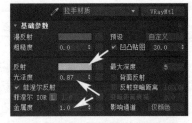

图 4.73 "拉手材质"参数设置

视频播放：具体介绍请观看配套视频"任务三：调节拉手材质.mp4"。

任务四：输出成品图

【任务三：调节
拉手材质】

在进行成品图输出的时候，需要对不完善的地方进行认真检查。例如对暗部光照不足的地方可以进行补光操作。检查没问题后就可以进行成品输出。具体操作如下。

步骤 1：在菜单栏中单击【渲染（R）】→【渲染设置（R）…】命令或按键盘上的"F10"键，弹出【渲染设置】对话框。

步骤 2：单击【公用】选项按钮，切换到【公用】参数设置面板，设置输出尺寸：宽为 3072，高为 2034。

步骤 3：设置输出成品的保存位置和格式。在【公用】参数面板中单击【文件：】按钮，弹出【渲染输出文件】对话框，设置输出成品图的位置、文件名和文件格式，文件格式设置为"*.tga"格式。

步骤 4：单击【V-Ray】选项切换到【V-Ray】参数面板，在【图像采样器（抗锯齿）】卷展栏中设置类型为【自适应细分】。勾选【图像过滤器】选项，过滤器类型选择【Catmull-Rom】。

步骤 5：单击【渲染】按钮。

步骤 6：切换摄像机视图。方法同上。设置保存路径、文件名和文件格式，继续渲染成品图。最终渲染的效果如图 4.74 所示。

图 4.74　最终渲染的效果

视频播放：具体介绍请观看配套视频"任务四：输出成品图.mp4"。

【任务四：输出
成品图】

任务五：分色图与 AO 图的渲染输出

在效果图后期处理过程中，只输出一张成品图是不够的。要想制作一张完美的效果图，需要结合分色图、AO 图。

1. 分色图的渲染输出

分色图是指将每个对象设置成单独的色块图片，通常颜色比较夸张，【自发光】的值为 100，这样方便为物体创建选区。

步骤 1：由于制作分色图的过程会对文件造成损坏，需要将文件另存为"分色图 .max"。

步骤 2：为了避免渲染的成品图被覆盖，要取消勾选【渲染设置】中的【公用】参数设置中的【保存文件】选项。

步骤 3：为了确保分色图的尺寸与成品图的尺寸一致，在进行分色图渲染时，不要修改输出文件的尺寸。

步骤 4：单击【V-Ray】选项，切换到【V-Ray】参数设置面板，在【颜色贴图】卷展栏中设置【类型】为"线性倍增"。

【模型：客厅、
餐厅和阳台
分色图】

步骤 5：单击【GI】选项，切换到【GI】参数设置面板，在该参数设置面板中，取消勾选【启用全局照明（GI）】选项。

步骤 6：删除场景中的所有灯光。

步骤 7：在右侧面板中单击【实用程序】→【MAXScript】按钮，打开其卷展栏，单击【运行脚本】按钮，弹出【编辑器文件】对话框，找到配套素材中的"random color.mzp"脚本，单击【打开（O）】按钮。

步骤 8：在【实用程序】下选择【random color】选项，再单击【Apply】按钮，弹出【MAXScript】对话框，单击【是（Y）】按钮即可。运行脚本后的场景效果如图 4.75 所示。

步骤 9：单击【渲染当前帧 / 产品级渲染模式】按钮即可渲染出分色图，将其保存为"*.tga"格式。

图 4.75　运行脚本后的场景效果

步骤 10：切换摄像机视图，继续渲染分色图。渲染的分色图效果如图 4.76 所示。

图 4.76　渲染的分色图效果

2. AO 图的渲染输出

在渲染的场景中通常会有墙角等转角的位置，这些地方光线很难照到，因此，会出现变暗的现象，称为光阻尼。在进行 VRay 渲染时，这类细节并不能完全表现出来，这时，可以通过 AO 图来表现。

AO 图与分色图在渲染的参数设置上完全相同。与分色图不同之处在于，分色图是通过运行脚本来实现，而 AO 图通过【VRay Dir】贴图来实现。

AO 图渲染输出的具体操作如下。

步骤 1：打开【材质编辑器】，选择一个空白示例球并命名为"AO 材质"。

步骤 2：将标准材质切换为 VRay 灯光材质。单击【Standard】按钮，弹出【材质 / 贴图浏览器】对话框，在该对话框中双击【VRayMtl】命令即可。

步骤 3：单击【颜色】右边的【点击来选择贴图（或拖放贴图）】按钮█，弹出【材质 / 贴图浏览器】对话框，在该对话框中双击【VRay Dirt】命令即可添加【VRay Dir】贴图。

步骤 4：设置【VRay Dir】贴图参数。设置【半径】值为 90mm，【细分】值为 20。

步骤 5：单击【渲染设置】，弹出对话框，在该对话框中单击【V-Ray】选项，切换到【V-Ray】参数设置。在该参数设置中勾选【材质覆盖设置】选项。

步骤 6：将【AO 材质】拖拽到【材质覆盖设置】选项右边的【无材质】按钮上，弹出【实例（副本）材质】对话框，在该对话框中选择【实例】选项，单击【确定】按钮即可。

步骤 7：单击【渲染当前帧 / 产品级渲染模式】按钮🞄即可渲染出 AO 图像，将其保存为"*.tga"格式。

步骤 8：切换摄像机视图，继续渲染 AO 图像。最终的 AO 图像如图 4.77 所示。

图 4.77　最终的 AO 图像

视频播放： 具体介绍请观看配套视频"任务五：分色图与 AO 图的渲染输出.mp4"。

【任务五：分色图与 AO 图的渲染输出】

五、项目小结

本项目主要介绍了"木纹材质""纱帘材质""拉手材质"的细调以及成品图、分色图、AO 图的渲染输出。要求重点掌握分色图与 AO 图渲染输出的相关设置。

六、项目拓展训练

根据所学知识，打开"拓展训练客厅、餐厅、阳台灯光布置图.max"文件，并另存为"拓展训练客厅、餐厅、阳台分色图与 AO 图的渲染.max"，将拓展训练客厅、餐厅、阳台分色图与 AO 图渲染输出。最终效果如图 4.78 所示。

【任务五：小结和拓展训练】

图 4.78 最终效果

项目 5：对客厅、餐厅、阳台进行后期合成处理

【项目 5：内容
简介】

一、项目内容简介

本项目主要对客厅、餐厅、阳台进行后期合成处理。

二、项目效果欣赏

三、项目制作流程

四、项目详细过程

项目引入：

（1）后期合成处理的原则。

（2）后期合成处理的基本流程。

（3）在后期合成处理中主要用到了哪些色彩调整命令？

（4）蒙版使用的原理、方法及技巧。

任务一：后期合成处理的基础知识

后期合成处理是对 3ds Max 输出的成品图进行二次编辑，主要使用 Photoshop 软件对成品图的整体或局部的亮度、亮度对比、色彩平衡、后期特效等进行相关操作，主要用到选区工具、图层叠加、调色工具、AO 图和分色图等。后期合成处理可以使成品图的质量进一步提升。下面介绍 Photoshop 的相关应用。

1. 选区工具

选区是指需要处理的区域，编辑命令只对所选择区域内的内容起作用，而选区以外的内容不受影响，这样可以对图像的局部进行调节。调节完成后，按键盘上的"Ctrl+D"组合键即可取消选区。

> **提示：** 为了不影响观察的视觉效果，可以按键盘上的"Ctrl+H"组合键或单击菜单栏中的【视图】→【显示额外内容】命令，将选区的虚线框隐藏。

反向是指将选择的区域进行反选。按键盘上的"Shift+Ctrl+I"组合键或单击菜单栏中的【选择】→【反向】命令即可。

羽化是指将选区内外衔接的部分进行虚化处理以达到自然衔接的效果。羽化的数值越大，选择的边界越柔和，边界过渡效果越好，否则选区边界越明显。

Photoshop 的选区工具主要包括矩形选择工具、套索工具组、模板工具、钢笔工具。具体操作参考配套视频素材。

2. 图层及叠加方式

图层是 Photoshop 非常重要的功能，图层可以单独对独立的内容进行调节而不影响其他图层上的内容。对图层的操作主要包括改变图层的顺序、选择、隐藏、显示、移动、缩放、旋转等。

图层的叠加是后期效果图处理中常用的一种方式。Photoshop 软件为用户提供了多种叠加方式，常用的主要有正片叠底、叠加和滤色等。图层叠加方式的具体介绍请参考配套素材中的视频。

3. 调整工具与调整层

在进行后期效果图处理中，要对画面的亮度、颜色、明暗等效果进行处理，需要用到调整图层菜单中的一系列命令。在菜单栏中单击【图像】→【调整】命令，弹出二级子菜单，其中包括了所有图像调整命令，单击需要使用的命令即可。

图像调整的命令比较多，常用的主要有亮度 / 对比度、色阶、曲线、色彩平衡、色相 / 饱和度、阴影 / 高光、调整层等。这些常用命令的主要作用如下。

（1）亮度 / 对比度：控制画面的亮度与对比度。

（2）色阶：调节画面中像素的明暗排列。

（3）曲线：调节画面的亮度、颜色、对比度。

（4）色彩平衡：根据颜色的补色原理调节图像中的颜色偏差。使用该命令可以单独对图像中的阴影、中间调、高光区域进行颜色偏差处理。

（5）色相 / 饱和度：调节画面中颜色的倾向、饱和度、明度。

（6）阴影 / 高光：调节图像暗部的细节。

（7）调整层：调整层的优点是可以对调色工具进行二次调节，也可以通过调整层的蒙版控制图像的局部操作。

调整工具与调整层的具体操作请参考配套素材中的视频。

> **视频播放：** 具体介绍请观看配套视频"任务一：后期合成处理的基础知识.mp4"。

【任务一：后期合成处理的基础知识】

任务二：客厅成品图的后期合成处理

从客厅的三个不同的角度进行后期合成处理。在这里只对某一个角度的成品图处理进行介绍，其他两张成品的处理请参考配套素材中的视频。

步骤 1：启动 Photoshop 软件，打开客厅的成品图、AO 图和分色图，如图 4.79 所示。

图 4.79　客厅的成品图、AO 图和分色图

步骤 2：新建一个名为"客厅后期效果图 .psd"的文件。选择客厅成品图，按键盘上的"Ctrl+A"组合键全选图像，再按键盘上的"Ctrl+C"组合键复制所选图像。在菜单栏中单击【文件】→【新建】命令，弹出【新建】对话框，其参数设置如图 4.80 所示，单击【创建】按钮即可。

步骤 3：按键盘上的"Ctrl+V"组合键将客厅成品图粘贴到新建文件中。按键盘上的"Ctrl+S"组合键保存新建文件。

步骤 4：将"客厅分色图"复制到新建文件中，选择客厅分色图，按键盘上的"Ctrl+A"组合键全选图像，再按键盘上的"Ctrl+C"组合键复制所选图像。单击"客厅后期效果图 .psd"文件，使其成为当前文件，按键盘上的"Ctrl+V"组合键将文件粘贴到新建文件中，图层的命名和叠放顺序如图 4.81 所示。

步骤 5：调节图像的亮度 / 对比度。单击【图层】面板下的【创建新的填充或调整图层】按钮，弹出快捷菜单，单击【亮度 / 对比图…】命令即可添加一个【亮度 / 对比图】调整图层。具体参数设置如图 4.82 所示。

图 4.80　【新建】对话框参数设置　　图 4.81　图层的命名和叠放顺序　　图 4.82　【亮度 / 对比图】参数设置

步骤 6：调节图像的色相 / 饱和度。单击【图层】面板下的【创建新的填充或调整图层】按钮，弹出快捷菜单，单击【色相 / 饱和度…】命令即可添加一个【色相 / 饱和度】调整图层。具体参数设置如图 4.83 所示。图层面板如图 4.84 所示。

步骤 7：选择【客厅分色图】图层。在工具栏中单击【魔棒工具】，设置其【融差】值为 10，勾选【连续】选项。在图像编辑区的客厅天花处单击即可，图像的选择区域如图 4.85 所示。

图 4.83 【色相 / 饱和度】参数设置　　图 4.84 【色相 / 饱和度】图层面板　　图 4.85　图像的选择区域

步骤 8：在【图层】面板中单击【客厅成品图】图层，将当前图层切换到【客厅成品图】图层。按键盘上的 "Ctrl+C" 组合键复制选择区域，再按键盘上的 "Ctrl+V" 组合键粘贴复制的选择区域。调节好图层的顺序，复制的图层如图 4.86 所示。

步骤 9：调节复制图层的色彩平衡使其偏向暖色。选择复制的图层，在菜单栏中单击【图像】→【调整】→【色彩平衡…】命令，弹出【色彩平衡】对话框，其参数设置如图 4.87 所示，单击【确定】按钮完成色彩平衡调节，效果如图 4.88 所示。

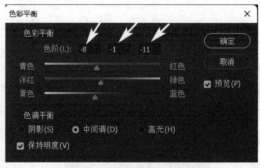

图 4.86　复制的图层　　　　图 4.87 【色彩平衡】参数设置　　　图 4.88　调节后的效果

步骤 10：合并图层。选择【客厅分色图】图层以上的所有图层，按键盘上的 "Ctrl+E" 组合键，合并所有选择的图层，将合并的图层命名为 "客厅成品图"，【客厅成品图】图层如图 4.89 所示。

步骤 11：将【客厅成品图】图层复制一个副本图层，复制的副本图层如图 4.90 所示。

步骤 12：单击【图层】面板下的【添加图层蒙版】按钮▣即可给复制的副本图层添加一个蒙版。添加蒙版的图层如图 4.91 所示。

步骤 13：切换打开的 AO 图像，按键盘上的 "Ctrl+A" 组合键全选，再按 "Ctrl+C" 组合键复制选择的区域。

步骤 14：切换到 "客厅后期效果图 .psd" 文件，按住键盘上的 "Alt" 键的同时单击图层中的蒙版区，按键盘上的 "Ctrl+V" 组合键，将复制的 AO 图像粘贴到蒙版区。复制到蒙版区之后的图层效果如图 4.92 所示。

步骤 15：按键盘上的 "Ctrl+I" 组合键，使蒙版反向。设置图层的叠加模式为 "正片叠底"，不透明度为 50%，蒙版反向效果和图层叠加模式如图 4.93 所示。最终图像效果如图 4.94 所示。

图 4.89　【客厅成品图】图层

图 4.90　复制的副本图层

图 4.91　添加蒙版的图层

图 4.92　复制到蒙版区之后的
图层效果

图 4.93　蒙版反向效果和
图层叠加模式

图 4.94　最终图像效果

步骤 16：选中除【背景】图层之外的所有图层，按键盘上的"Ctrl+E"组合键合并所选图层。

步骤 17：单击工具栏中的【裁剪工具】 ，框选图像，按住键盘上的"Shift+Alt"组合键的同时，将鼠标移到裁剪的任意一个角上，按住鼠标左键进行拖动，拖拽出需要的选区，拖拽出的区域如图 4.95 所示。

步骤 18：按键盘上的"Enter"键，完成选区的扩展。扩展后的效果如图 4.96 所示。

步骤 19：选择合并的图层。在菜单栏中单击【编辑】→【描边（S）...】命令，弹出【描边】对话框，设置宽度为 8 个像素，颜色为灰色（RGB 的值均为 160），再单击【确定】按钮即可，效果如图 4.97 所示。

图 4.95　拖拽出的区域

图 4.96　扩展后的效果

图 4.97　描边后的效果

提示： 另外两个角度和客厅成品图后期合成处理后的效果如图 4.98 所示。具体操作与上面的操作基本相同，也可参考配套素材中的视频。

视频播放： 具体介绍请观看配套视频"任务二：客厅成品图的后期合成处理.mp4"。

【任务二：客厅
成品图的后期合
成处理】

图 4.98　另外两个角度后期合成处理后的效果

任务三：餐厅和阳台成品图的后期合成处理

餐厅成品图的后期合成处理主要是对亮度 / 对比度、色彩平衡、暗部细节以及部分细节处理，具体操作如下。

步骤 1：启动 Photoshop 软件。打开餐厅的成品图、AO 图和分色图。

步骤 2：将餐厅的成品图另存为"餐厅后期效果图 001.psd"。在菜单栏中单击【文件（F）】→【存储为（A）...】命令，弹出【存储为】对话框，设置好文件保存的位置，设置文件名为"餐厅后期效果图001"，保存格式为"*.psd"，单击【保存（S）】按钮即可。

步骤 3：在【图层】面板中双击【背景】图层。弹出【新建图层】对话框，具体参数设置如图 4.99所示。单击【确定】按钮即可将【背景】图层重命名并解锁操作，重命名的图层如图 4.100 所示。

步骤 4：单击【图层】面板下的【创建新的填充或调整图层】按钮，弹出快捷菜单，单击【亮度 /对比度...】命令即可添加一个【亮度 / 对比度】调整图层。【亮度 / 对比度】参数设置如图 4.101 所示。

图 4.99　【新建图层】参数设置

图 4.100　重命名的图层

图 4.101　【亮度 / 对比度】
参数设置

步骤 5：将餐厅的分色图复制并粘贴到"餐厅后期效果图 001.psd"文件中，放置在【餐厅效果图】图层之下并设置为当前图层。

步骤 6：在工具栏中选择【魔棒工具】，在图像编辑区单击餐厅的天花处选择餐厅的天花区，选择的天花区如图 4.102 所示。

步骤 7：在【图层】面板中单击【餐厅效果图】图层。按键盘上的"Ctrl+C"组合键复制选区。再按键盘上的"Ctrl+V"组合键，将复制的选区粘贴到文件中。

步骤 8：单击【图层】面板下的【创建新的填充或调整图层】按钮，弹出快捷菜单，单击【色彩平衡...】命令即可添加一个【色彩平衡】调整图层。

步骤 9：按住键盘上的"Alt"键，将鼠标移到【色彩平衡 1】图层与【图层 2】图层之间松开，即可让【色彩平衡 1】图层与【图层 2】图层产生关联。此时，调节【色彩平衡 1】调整层只对【图层 2】图层产生影响。色彩平衡参数及图层如图 4.103 所示。

步骤 10：选择所有图层，按键盘上的 "Ctrl+E" 组合键将所有图层合并，合并后的图层如图 4.104 所示。

图 4.102　选择的天花区

图 4.103　色彩平衡参数及图层

图 4.104　合并后的图层

步骤 11：单击【图层】面板下的【创建新的填充或调整图层】按钮，弹出快捷菜单，单击【曲线…】命令即可添加一个【曲线】调整图层。

步骤 12：【曲线】调整图层的具体调节如图 4.105 所示。调节后的效果如图 4.106 所示。

步骤 13：合并所有图层，并将合并的图层再复制一个副本图层，复制的副本图层如图 4.107 所示。

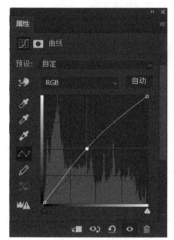

图 4.105　【曲线】调整图层的具体调节

图 4.106　调节后的效果

图 4.107　复制的副本图层

步骤 14：单击【图层面板】下的【添加图层蒙版】按钮即可给复制的副本图层添加一个蒙版。

步骤 15：按住键盘上的 "Alt" 键的同时单击【图层蒙版缩览区】，进入蒙版编辑层级。将 "餐厅 AO 图" 粘贴到蒙版区。再按键盘上的 "Ctrl+I" 组合键将蒙版反向。设置蒙版调整层为 "正片叠底"。图层设置如图 4.108 所示，添加蒙版后的效果如图 4.109 所示。

步骤 16：合并所有图层。给最后效果添加边框和描边，具体操作参考前面任务二。餐厅最终效果图如图 4.110 所示。

图 4.108　图层设置

图 4.109　添加蒙版后的效果

图 4.110　餐厅最终效果图

提示：阳台后期合成的处理，在这里就不再详细介绍，读者可以参考配套素材视频或前面的操作方法。

视频播放：具体介绍请观看配套视频"任务三：餐厅和阳台成品图的后期合成处理.mp4"。

【任务三：餐厅和阳台成品图的后期合成处理】

五、项目小结

本项目主要介绍了后期合成处理的基础知识，客厅、餐厅、阳台后期效果图处理的方法、步骤。要求重点掌握后期合成处理的基本方法、步骤。

六、项目拓展训练

根据所学知识，对拓展训练中客厅、餐厅、阳台的成品图进行后期合成处理。最终效果如图 4.111 所示。

【项目 5：小结和拓展训练】

图 4.111　最终效果

第 5 章
卧室模型设计

技能点

项目1：床头柜模型的制作。
项目2：床模型的制作。
项目3：台灯和吊灯模型的制作。
项目4：床尾电视柜模型的制作。
项目5：卧室装饰模型的制作。

说 明

本章主要通过5个项目，全面介绍卧室中各种模型的制作，包括建模原理、方法、步骤。

教学建议课时数

一般情况下需要20课时，其中理论6课时，实际操作14课时（特殊情况下可做相应调整）。

【第5章 内容简介】

　　卧室是家装设计中的主要空间，一般有两种分类方法：第一种按主次关系分为主卧室、次卧室和兼用卧室；第二种按居住者的年龄分为主卧室、儿童房、老人房。主卧室通常放置双人床，而次卧室通常放置单人床，兼用卧室一般用作客房或工作室。

　　本章主要介绍中式主卧室的制作。中式卧室装饰设计融合了庄重和优雅的品质，注重空间的层次感，通常运用简洁的直线来装饰空间，家具多采用木质材料，不仅体现了内敛和质朴的风格，还表现出现代人对简单生活的向往和对回归自然的渴望。

【项目 1：内容简介】

项目 1：床头柜模型的制作

一、项目内容简介

本项目主要介绍床头柜模型的制作方法、步骤。

二、项目效果欣赏

三、项目制作流程

四、项目详细过程

项目引入：

（1）怎样快速创建模型？

（2）为什么在制作前一定要设置单位？

（3）为什么要进入模型的顶点编辑模式调节模型的大小？

任务一：床头柜主体模型的制作

床头柜主体模型的制作比较简单，主要通过对基本几何体的编辑来制作。具体制作方法如下。

步骤 1：启动 3ds Max 2024，将文件保存为"床头柜模型 .max"。

步骤 2：设置单位。在菜单栏中单击【自定义（U）】→【单位设置（U）...】命令，弹出【单位设置】对话框，如图 5.1 所示，单击【确定】按钮即可。

步骤 3：在【创建】面板中单击【长方体】按钮，在【顶视图】中创建一个长方体。具体参数设置如图 5.2 所示。

图 5.1　【单位设置】对话框

图 5.2　长方体参数设置

步骤 4：将创建的"床头柜主体侧面 01"模型转换为可编辑多边形。将鼠标移到模型上，单击鼠标右键，在弹出的快捷菜单中选择【转换为：】→【转换为可编辑多边形】即可。

步骤 5：在右侧面板中单击【边】按钮，切换到模型的边编辑模式。选择模型的所有边。单击【切角】按钮右边的设置按钮，弹出【切角】面板，具体参数设置如图 5.3 所示。单击按钮完成切角处理。

步骤 6：将制作好的"床头柜主体侧面 01"模型复制 4 个。使用【旋转】和【移动工具】对复制的模型进行旋转和移动对位，并进入模型的顶点编辑模式调节顶点的位置。床头柜主体模型如图 5.4 所示。

步骤 7：在【创建】面板中单击【平面】按钮，在【前视图】中创建一个平面，作为床头柜的背面。床头柜背面如图 5.5 所示。

图 5.3　切角参数设置

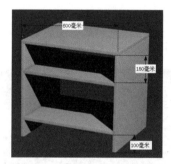

图 5.4　床头柜主体模型

图 5.5　床头柜背面

视频播放： 具体介绍请观看配套视频"任务一：床头柜主体的制作.mp4"。

任务二：床头柜门和拉手的制作

步骤 1：继续复制 4 个模型。使用【旋转】和【移动】工具对复制的模型进行旋转和移动对位，并进入模型的顶点编辑模式调节顶点的位置。床头柜门如图 5.6 所示。

步骤 2：在面板中单击【圆柱体】按钮，在【前视图】中创建一个圆柱体。抽屉拉手参数如图 5.7 所示。

步骤 3：将抽屉拉手模型转换为可编辑多边形。在右侧面板中单击【边】按钮，切换到模型的边编辑模式。

步骤 4：选择需要切角的边。单击【切角】按钮右边的设置按钮，

【任务一：床头柜主体的制作】

图 5.6　床头柜门

弹出【切角】面板，切角效果和参数设置如图 5.8 所示。单击✅按钮完成切角处理。

步骤 5：将制作好的抽屉拉手模型复制两个，并命名为"床头柜左门拉手"和"床头柜右门拉手"。

步骤 6：使用【移动工具】调节好位置。床头柜拉手效果如图 5.9 所示。

图 5.7　抽屉拉手参数

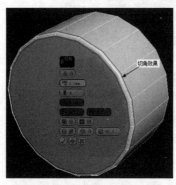
图 5.8　切角效果和参数设置

图 5.9　床头柜拉手效果

视频播放： 具体介绍请观看配套视频"任务二：床头柜门和拉手的制作.mp4"。

【任务二：床头柜门和拉手的制作】

五、项目小结

本项目主要介绍床头柜模型的制作方法、步骤。要求重点掌握怎样快速制作床头柜模型。

六、项目拓展训练

根据所学知识，制作如图 5.10 所示的床头柜模型。

【模型：床头柜】

【项目 1：小结和拓展训练】

图 5.10　床头柜模型

项目 2：床模型的制作

一、项目内容简介

本项目主要介绍床模型制作的方法、步骤。

二、项目效果欣赏

三、项目制作流程

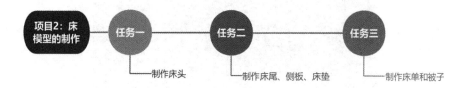

四、项目详细过程

项目引入：

（1）【ProBoolean】修改器命令的作用和使用方法。
（2）【MassFX】中的各个工具的作用和使用方法。
（3）【刚体】与【mCloth】碰撞的原理以及相关参数设置。
（4）【弯曲】修改器命令的作用和使用方法。

任务一：制作床头

在该项目中主要制作一个中式双人床。床的宽度为 1800mm，长度为 2300mm。具体制作方法如下。

1. 制作床头竖支架

床头竖支架分上装饰、中支架和下脚架三部分。

（1）制作上装饰。

步骤 1：启动 3ds Max 2024，新建并保存名为"床 .max"的文件。

步骤 2：在【创建】面板中单击【球体】按钮，在【顶视图】中创建一个半径为 35mm 的球体。

步骤 3：方法同上。在【顶视图】中再创建 2 个半径为 35mm 的球体和 2 个半径为 30mm 的球体。

步骤 4：在【前视图】中对半径为 30mm 的 2 个球体进行 Y 轴上的适当压缩，并调节好位置。创建的 4 个球体如图 5.11 所示。

步骤 5：选择最上方的一个球体，单击【创建】面板中【标准基本体】列表，在弹出的下拉列表中单击【复合对象】命令，切换到【复合对象】面板。在该面板中单击【ProBoolean】按钮，选择该命令的运算方式为【并集】，再单击【开始拾取】按钮，在场景中依次单击其他 3 个球体。布尔运算后的效果如图 5.12 所示。

步骤 6：将布尔运算后的对象转换为可编辑多边形，并删除多余的面。编辑后的效果如图 5.13 所示。

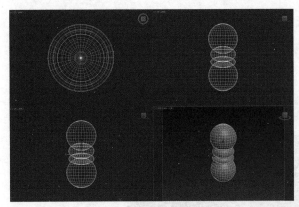
图 5.11　创建的 4 个球体

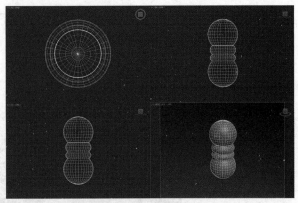
图 5.12　布尔运算后的效果

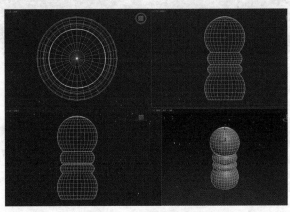
图 5.13　编辑后的效果

（2）制作中支架。

步骤 1：在【创建】面板中单击【长方体】按钮，在【顶视图】中创建一个长方体。具体参数设置如图 5.14 所示。

步骤 2：将创建的长方体模型转换为可编辑多边形。单击【边】按钮◁进入边编辑模式，选择长方体的所有边，单击【切角】按钮右边的【设置】图标，弹出参数设置面板，切角效果和参数设置如图 5.15 所示。单击☑按钮完成切角操作。

（3）制作下脚架。

步骤 1：在【创建】面板中单击【球体】按钮，在【顶视图】中创建一个半径为 35mm 的球体。

步骤 2：将创建的球体转换为可编辑多边形。在面板中单击【修改器列表】，在弹出的下拉列表中单击【FFD2×2×2】命令。

步骤 3：进入【FFD2×2×2】命令的控制点编辑模式。使用【缩放】命令对控制点进行缩放操作。缩放后的效果如图 5.16 所示。

图 5.14　长方体参数设置

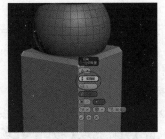
图 5.15　切角效果和参数设置

步骤 4：再一次将模型转换为可编辑多边形，进入顶点编辑模式，对顶点进行缩放操作。再进入多边形编辑模式，删除多余的面。编辑后的效果如图 5.17 所示。

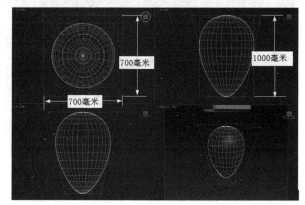

图 5.16　缩放后的效果

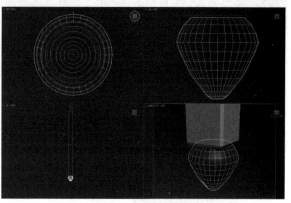

图 5.17　编辑后的效果

2. 创建床头横支架和床头板

步骤 1：在【创建】面板中单击【长方体】按钮，在【前视图】中创建一个长方体。长方体参数如图 5.18 所示。

步骤 2：将创建的长方体转换为可编辑多边形，进入边编辑模式，选择需要进行切角的边，单击【切角】按钮右边的【设置】按钮，弹出参数设置面板。具体参数和切角效果如图 5.19 所示。单击☑按钮完成切角操作。

步骤 3：在右侧面板中单击【修改器列表】，在弹出的下拉列表中单击【弯曲】命令，其参数设置如图 5.20 所示。添加【弯曲】命令后的效果如图 5.21 所示。

步骤 4：将弯曲后的"床头横支架上"模型转换为可编辑多边形。

步骤 5：方法同上。创建"床头横支架下"模型，该模型不需要添加【弯曲】命令。

步骤 6：将前面创建的"床头竖支架"复制一个，调节位置。复制并调节好位置后的效果如图 5.22 所示。

步骤 7：在【创建】面板中单击【长方体】按钮，在【前视图】中创建一个长方体，具体参数如图 5.23 所示。

步骤 8：将创建的"床头板"模型转换为可编辑多边形，进入顶点编辑模式，调节顶点的位置。调节好的床头板效果如图 5.24 所示。

图 5.18　长方体参数

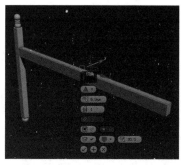

图 5.19　具体参数和切角效果

图 5.20　【弯曲】命令的参数设置

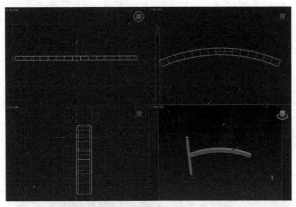

图 5.21　添加【弯曲】命令后的效果

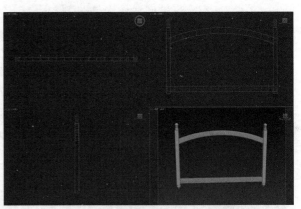

图 5.22　复制并调节好位置后的效果

图 5.23　床头板参数设置

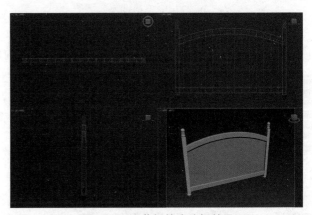

图 5.24　调节好的床头板效果

视频播放：具体介绍请观看配套视频"任务一：制作床头.mp4"。

【任务一：制作
床头】

任务二：制作床尾、侧板、床垫

1. 制作床尾

床尾的制作方法与床头的制作方法相同，只是中间支架比床头的短一点。在此床尾中间支架的高度为 700mm。其他支架只需复制床头的模型并重新命名即可。床尾的效果如图 5.25 所示。

2. 制作侧板

侧板的制作方法很简单。在【创建】面板中单击【长方体】按钮，在【左视图】中创建 2 个长方体。侧板参数如图 5.26 所示。

3. 制作床垫

步骤 1：在【创建】面板中单击【标准基本体】，在弹出的下拉列表中单击【扩展基本体】命令，切换到该命令面板。

步骤 2：在【扩展基本体】面板中单击【切角长方体】按钮。在【顶视图】中创建一个切角长方体并命名为"床垫"。床垫参数如图 5.27 所示。

步骤 3：调节好位置。床的最终效果如图 5.28 所示。

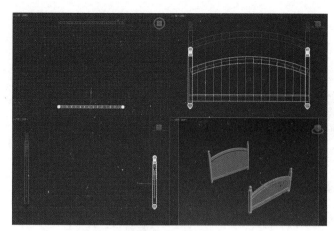

图 5.25　床尾的效果

图 5.26　侧板参数

图 5.27　床垫参数

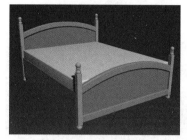

图 5.28　床的最终效果

视频播放： 具体介绍请观看配套视频"任务二：制作床尾、侧板、床垫.mp4"。

【任务二：制作床尾、侧板、床垫】

任务三：制作床单和被子

床单和被子模型主要通过设置【MassFX】中的【mCloth】和【刚体】模拟碰撞得到。具体制作方法如下。

1. 制作床单

步骤 1：在右侧面板中单击【平面】按钮，在【顶视图】中创建一个平面，床单参数设置如图 5.29 所示。

步骤 2：在工具栏中单击鼠标右键，在弹出的快捷菜单中单击【MassFX】命令，打开该命令面板。

步骤 3：选择"床单"模型，在【MassFX】面板中单击【将选定对象设置为 mCloth 对象】按钮 。在右侧面板中设置【mCloth】参数，具体参数设置如图 5.30 所示。其他参数采用默认设置。

步骤 4：在【创建】面板中单击【标准基本体】列表，在弹出的下拉列表中单击【扩展基本体】命令，切换到该命令面板。

步骤 5：在【扩展基本体】面板中单击【切角长方体】按钮。在【顶视图】中创建一个切角长方体并命名为"刚体"。创建的刚体模型参数如图 5.31 所示。

步骤 6：在【MassFX】面板中单击【将选定对象设置为静态刚体】按钮 。

步骤 7：在【MassFX】面板中单击【开始模拟】按钮 ，开始碰撞模拟。观察场景中的效果，达到要求后，再次单击【开始模拟】按钮 完成模拟。模拟碰撞后的效果如图 5.32 所示。

步骤 8：给模拟出来的床单添加一个【壳】命令，其参数如图 5.33 所示。

步骤 9：再给模拟出来的床单添加一个【网格平滑】命令。将【网格平滑】命令的【迭代次数】设置为 2。

步骤 10：将床单模型转换为可编辑多边形，模拟好的床单效果如图 5.34 所示。

图 5.29 床单参数设置

图 5.30 【mCloth】参数设置

图 5.31 创建的刚体模型参数

图 5.32 模拟碰撞后的效果

图 5.33 【壳】命令参数

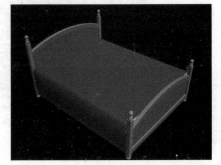

图 5.34 模拟好的床单效果

2. 制作被子

被子模型的制作与床单模型的制作方法和思路基本一致，只是在模拟之前给模型添加了一个
【FFD4×4×4】的修改器，调节了模型的初始形态。具体制作方法如下。

步骤 1：在【创建】面板中单击【平面】按钮，在【顶视图】中创建一个平面。"被子"模型参数如
图 5.35 所示。

步骤 2：单击"被子"模型，添加一个【FFD4×4×4】的修改器。调节修改的"控制点"。调节"控
制点"的效果如图 5.36 所示。

步骤 3：将调节好形态的"被子"模型转换为可编辑多边形。

步骤 4：在【MassFX】面板中单击【将选定对象设置为 mCloth 对象】按钮▣。给"被子"模型添加
【mCloth】命令，其参数如图 5.37 所示。

图 5.35 "被子"模型参数

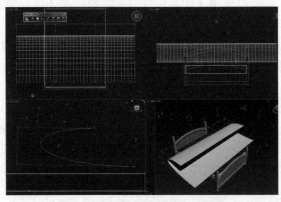

图 5.36 调节"控制点"的效果

图 5.37 【mCloth】命令参数

步骤 5：创建一个立方体放置在水平位置，作为地面碰撞对象，并添加【静态刚体】命令，创建的立方体如图 5.38 所示。

步骤 6：在【MassFX】面板中单击【开始模拟】按钮，开始碰撞模拟。观察场景中的效果，达到要求后，再次单击【开始模拟】按钮完成模拟。模拟后的效果如图 5.39 所示。

步骤 7：给模拟好的"被子"模型添加一个【壳】命令。具体参数设置如图 5.40 所示。

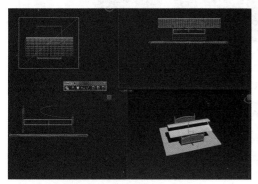

图 5.38　创建的立方体

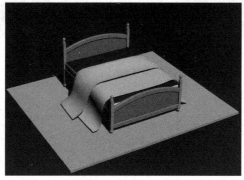

图 5.39　模拟后的效果

图 5.40　【壳】命令
参数

步骤 8：将模拟好的"被子"模型转换为可编辑多边形，进入多边形编辑模式，选择的面如图 5.41 所示。

步骤 9：将选择面的材质 ID 号设置为 2，并对选择的面进行挤出，挤出方式为"局部法线"，挤出量为 2mm。连续挤出两次。

步骤 10：再给"被子"模型添加一个【网格平滑】命令，采用默认参数设置。【网格平滑】后的效果如图 5.42 所示。

步骤 11：再次将"被子"模型转换为可编辑多边形。删除前面创建的"刚体"模型，显示出"床单"模型，被子最终效果如图 5.43 所示。

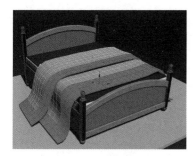

图 5.41　选择的面

图 5.42　【网格平滑】后的效果

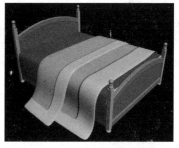

图 5.43　被子最终效果

视频播放： 具体介绍请观看配套视频"任务三：制作床单和被子 .mp4"。

【任务三：制作
床单和被子】

五、项目小结

本项目主要介绍了制作床的床头、床尾、侧板、床垫、床单、被子模型的制作方法、步骤。要求重点掌握各种修改器命令，制作床和被子模型。

六、项目拓展训练

根据所学知识，制作床和被子模型。最终效果如图 5.44 所示。

【模型: 床】　　【项目2: 小结
和拓展训练】

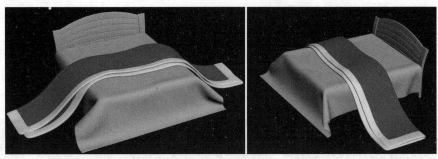

图 5.44　最终效果

项目 3：台灯和吊灯模型的制作

【项目 3：内容
简介】

一、项目内容简介

本项目主要介绍中式台灯和吊灯模型的制作。

二、项目效果欣赏

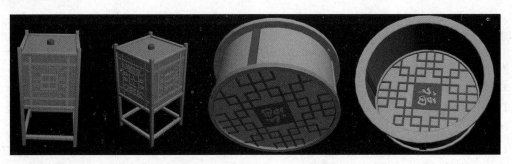

三、项目制作流程

四、项目详细过程

项目引入：

（1）CAD 图纸的导入和使用。

（2）【布尔】命令的作用和使用方法。

（3）【对齐】命令的作用和使用方法。

（4）台灯和吊灯的基本尺寸和制作思路。

任务一：中式台灯的制作

中式台灯主要通过创建基本几何体和绘制二维线相结合的方法来制作。

1. 制作支架

支架的制作方法非常简单，主要通过创建立方体并进行适当编辑即可。

步骤 1：启动 3ds Max 2024。新建并保存为"中式台灯 .max"文件。

步骤 2：在【创建】面板中单击【长方体】按钮，在【顶视图】中创建一个长方体，命名为"台灯腿01"，具体参数如图 5.45 所示。

步骤 3：将创建的"台灯腿01"转换为可编辑多边形。在面板中单击【边】按钮，进入边编辑模式。选择"台灯腿01"的所有边。

步骤 4：单击【切角】右边的【设置】按钮，弹出参数设置面板，具体参数设置如图 5.46 所示。单击按钮完成切角处理。

步骤 5：将创建好的"台灯腿01"复制 3 个。

步骤 6：方法同上。再在【顶视图】中创建一个长方体，命名为"台灯横支架01"，具体参数设置如图 5.47 所示。

图 5.45 "台灯腿 01"参数

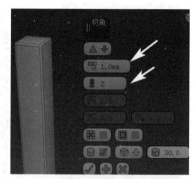

图 5.46 【切角】参数设置

图 5.47 "台灯横支架 01"参数设置

步骤 7：将创建的长方体转换为可编辑多边形，并进行切角处理。

步骤 8：再复制 11 个"台灯横支架01"，使用【移动】和【旋转】工具调节好位置。调节好位置的支架如图 5.48 所示。

2. 制作装饰面

装饰面的制作方法是先导入 CAD 图纸，再进行挤出即可。具体操作方法如下。

步骤 1：导入 CAD 图纸。在菜单栏中单击【文件（F）】→【导入（I）】→【导入（I）...】命令，弹出【选择要导入的文件】对话框，选择"中式台灯支架面.dwg"文件，单击【打开（O）】命令，弹出对话框，该对话框采用默认设置，单击【确定】按钮即可将 CAD 文件导入。导入的 CAD 图纸如图 5.49 所示。

步骤 2：导入的 CAD 图纸为样条线。单击【顶点】按钮，进入顶点编辑模式，框选 CAD 图纸的所有顶点，单击【焊接】按钮即可将相连的顶点合并。

步骤 3：给焊接好的 CAD 图纸添加一个【挤出】命令，设置挤出数量为 5mm，再将其转换为可编辑多边形。制作好的装饰面如图 5.50 所示。

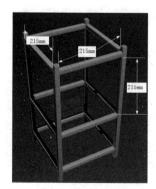

图 5.48 调节好位置的支架

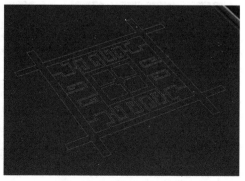

图 5.49 导入 CAD 图纸

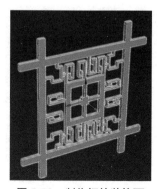

图 5.50 制作好的装饰面

步骤 4：将制作好的装饰面再复制 3 个，调节好位置。调节好位置的装饰面如图 5.51 所示。

3. 制作灯罩和灯泡座

步骤 1：在【创建】面板中单击【长方体】按钮，在【顶视图】中创建一个长方体并命名为"灯罩"，长方体的长、宽、高的值为 230mm。

步骤 2：将创建的"灯罩"转换为可编辑多边形，将其底部的面删除并调节好位置。灯罩如图 5.52 所示。

步骤 3：单击【切角圆柱体】按钮，在【顶视图】中创建一个切角圆柱体并命名为"灯泡座"。

步骤 4：灯泡座的半径为 15mm、高度为 20mm、圆角为 1mm，调节好位置。灯泡座如图 5.53 所示。

图 5.51　调节好位置的装饰面

图 5.52　灯罩

图 5.53　灯泡座

【模型：中式台灯】

【任务一：中式台灯的制作】

视频播放： 具体介绍请观看配套视频"任务一：中式台灯的制作.mp4"。

任务二：中式吊灯的制作

中式吊灯的制作方法是通过 CAD 图纸和 3ds Max 的基本几何体相结合来完成。

1. 制作顶面装饰

步骤 1：导入 CAD 图纸。在菜单栏中单击【文件（F）】→【导入（I）】→【导入（I）…】命令，弹出【选择要导入的文件】对话框，选择"吊灯装饰面 .dwg"文件，单击【打开（O）】命令，弹出对话框，该对话框采用默认设置，单击【确定】按钮即可将 CAD 文件导入。导入的 CAD 图纸如图 5.54 所示。

步骤 2：将导入的 CAD 图纸进行冻结处理，开启顶点捕捉。在面板中单击【线】按钮，在【顶视图】中根据 CAD 图纸绘制闭合曲线。绘制的闭合曲线如图 5.55 所示。

步骤 3：给绘制的闭合曲线添加【挤出】修改器命令，挤出的数量为 5mm。将挤出的多边形转换为可编辑多边形，挤出后的效果如图 5.56 所示。

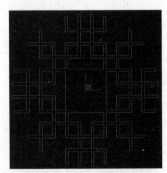
图 5.54　导入的 CAD 图纸

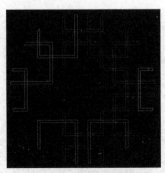
图 5.55　绘制的闭合曲线

图 5.56　挤出后的效果

步骤 4：在右侧面板中单击【文本】按钮，设置文字参数，如图 5.57 所示。

步骤 5：在【顶视图】中单击任意空白位置即可创建一个"福"字。给"福"字添加一个【挤出】命令，挤出数量为 12mm，调节好位置。创建的"福"字如图 5.58 所示。

步骤 6：将"福"字转换为可编辑多边形。在【复合对象】面板中单击【布尔】按钮，设置操作方式为 差集(B-A)。单击【拾取操作对象 B】按钮，再在场景中单击与"福"字交叉的对象即可。布尔运算后的效果如图 5.59 所示。

图 5.57　文字参数　　　　　　图 5.58　创建的"福"字　　　　　　图 5.59　布尔运算后的效果

步骤 7：将布尔运算后的对象转换为可编辑多边形，并将其他对象附加为一个对象，命名为"吊灯顶面装饰"。

2. 制作吊灯支架

中式吊灯支架的制作方法非常简单，只需对 3ds Max 的基本几何体进行适当编辑即可。

步骤 1：在【创建】面板中单击【管状体】按钮，在【顶视图】中创建一个管状体并命名为"中式吊灯框架 01"。具体参数设置如图 5.60 所示。

步骤 2：将"中式吊灯框架 01"转换为可编辑多边形。进入边编辑模式，选择 4 条环形边，单击【切角】右边的【设置】按钮，弹出参数设置面板，切角效果和参数设置如图 5.61 所示。单击 按钮完成切角操作。

步骤 3：方法同上。再创建一个管状体并命名为"中式吊灯框架 02"。参数设置如图 5.62 所示。

图 5.60　管状体参数设置　　　　　图 5.61　切角效果和参数设置　　　　　图 5.62　管状体参数设置

步骤 4：方法同上。将创建的"中式吊灯框架 02"转换为可编辑多边形，并进行切角处理。

步骤 5：在【创建】面板中单击【圆柱体】按钮，在【顶视图】中创建一个管状体并命名为"灯罩"。吊灯灯罩参数设置如图 5.63 所示。

步骤 6：将"吊灯灯罩"转换为可编辑多边形，进入多边形编辑模式，将顶面删除。灯罩效果如图 5.64 所示。

步骤 7：在【创建】面板中单击【长方体】按钮，在【顶视图】中创建一个长方体并命名为"吊灯竖支架 01"。具体参数设置如图 5.65 所示。

步骤 8：将创建的"吊灯竖支架 01"模型再复制 3 个，调节好位置。吊灯的最终效果如图 5.66 所示。

图 5.63 吊灯灯罩　图 5.64 灯罩效果　图 5.65 "吊灯竖支架 01"　图 5.66 吊灯的最终效果
　　　参数设置　　　　　　　　　　　　　　　参数设置

视频播放： 具体介绍请观看配套视频"任务二：中式吊灯的制作.mp4"。

【任务二：中式
吊灯的制作】

五、项目小结

本项目主要介绍了中式台灯和吊灯的制作方法、步骤。要求重点掌握并灵活使用各种修改器命令，制作中式台灯和吊灯。

六、项目拓展训练

根据所学知识，制作中式台灯和吊灯，最终效果如图 5.67 所示。

【项目 3：小结
和拓展训练】

 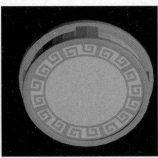   

图 5.67 最终效果

项目 4：床尾电视柜模型的制作

【项目 4：内容简介】

一、项目内容简介

本项目主要介绍床尾电视柜模型的制作方法、步骤。

二、项目效果欣赏

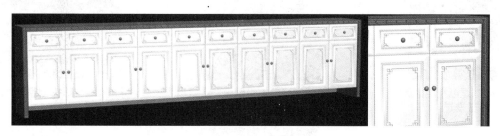

三、项目制作流程

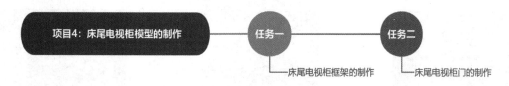

四、项目详细过程

项目引入：

（1）了解床尾电视柜的常用尺寸。

（2）装饰花纹的制作原理、方法和技巧。

（3）【倒角剖面】命令的作用和使用方法。

（4）【对齐】命令的作用和使用方法。

任务一：床尾电视柜框架的制作

床尾电视柜框架的制作方法比较简单，主要通过 3ds Max 的基本几何体与 CAD 图纸相结合来制作。

1. 制作床尾电视柜框架

步骤 1：启动 3ds Max 2024，新建并保存为"床尾电视柜 .max"文件。

步骤 2：设置 3ds Max 2024 的单位。

步骤 3：在【创建】面板中单击【长方体】按钮，在【顶视图】中创建一个长方体，命名为"床尾电视柜顶面"，参数设置如图 5.68 所示。

步骤 4：将创建的"床尾电视柜顶面"复制 2 个，并分别命名为"床尾电视柜横隔板 01"和"床尾电视柜横隔板 02"，将长度值改为 380mm。

步骤 5：再单击【长方体】按钮，在【顶视图】中创建一个长方体，命名为"床尾电视柜侧板"，参数设置如图 5.69 所示。

步骤 6：将"床尾电视柜侧板"复制 1 个，使用【对齐】命令进行对齐，调节好位置。"床尾电视柜"框架效果如图 5.70 所示。

步骤 7：在【创建】面板中单击【平面】按钮，在【前视图】中创建一个平面，命名为"床尾电视柜背面"（长 800mm，宽 3540mm）。添加背面的效果如图 5.71 所示。

步骤 8：单击【长方体】按钮。在【顶视图】中创建一个长方体，命名为"床尾电视柜竖隔板 01"。竖隔板参数设置如图 5.72 所示。

步骤 9：将创建的"床尾电视柜竖隔板 01"复制 8 个，调节好位置。竖隔板的效果如图 5.73 所示。

图 5.68 "床尾电视柜顶面"参数设置

图 5.69 "床尾电视柜侧板"参数设置

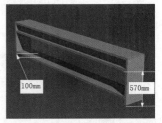

图 5.70 "床尾电视柜"框架效果

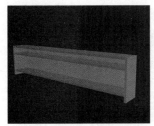

图 5.71 添加背面的效果

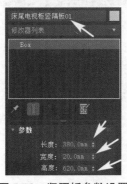

图 5.72 竖隔板参数设置

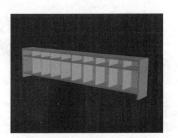

图 5.73 竖隔板的效果

2. 制作框架装饰花纹

框架装饰花纹主要通过对二维线进行轮廓和挤出操作来制作。具体操作方法如下。

步骤 1：在面板中单击【图形】→【线】按钮，在【前视图】中绘制曲线，曲线的形态和尺寸如图 5.74 所示。

步骤 2：在【修改】面板中的【轮廓】按钮右边的文本输入框中输入 2.5，按键盘上的"Enter"键，即可得到轮廓。轮廓后的效果如图 5.75 所示。

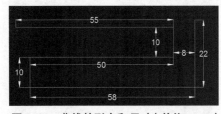

图 5.74 曲线的形态和尺寸（单位：mm）

图 5.75 轮廓后的效果

步骤 3：给轮廓后的对象添加一个【挤出】命令，挤出的数量为 2.5mm。挤出后的效果如图 5.76 所示。

步骤 4：将挤出的对象转换为可编辑多边形，并复制 56 个。复制并调节好位置的效果如图 5.77 所示。

图 5.76 挤出后的效果

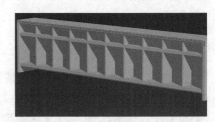

图 5.77 复制并调节好位置的效果

步骤 5：继续复制，并使用【移动】【捕捉】【旋转】工具对复制的对象进行位置调节。复制并调节好位置的装饰花纹如图 5.78 所示。

步骤 6：沿"床尾电视柜框架"的外边框绘制闭合曲线，如图 5.79 所示。

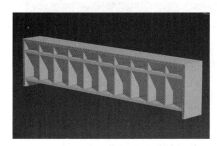

图 5.78　复制并调节好位置的装饰花纹

图 5.79　绘制闭合曲线

步骤 7：对绘制的闭合曲线进行轮廓处理，轮廓为 −5mm。

步骤 8：给轮廓后的曲线添加【挤出】命令。设置挤出数量为 2.5mm。

步骤 9：将挤出轮廓先转换为可编辑多边形，并将前面的装饰花纹合并成一个对象，命名为"床尾电视柜装饰花纹"。最终的装饰花纹效果如图 5.80 所示。

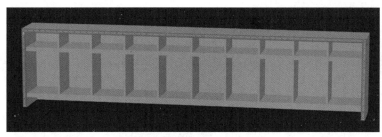

图 5.80　最终的装饰花纹效果

视频播放： 具体介绍请观看配套视频"任务一：床尾电视柜框架的制作.mp4"。

【任务一：床尾电视柜框架的制作】

任务二：床尾电视柜门的制作

床尾电视柜门的模型制作在这里就不再详细介绍，请参考第 3 章中电视柜门的制作，也可以参考配套素材中的教学视频。

视频播放： 具体介绍请观看配套视频"任务二：床尾电视柜门的制作.mp4"。

制作完毕后床尾电视柜的最终效果如图 5.81 所示。

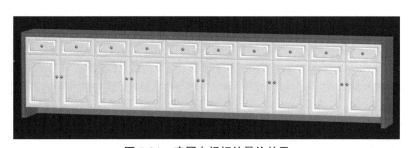

图 5.81　床尾电视柜的最终效果

【任务二：床尾电视柜门的制作】

【模型：床尾电视柜】

五、项目小结

本项目主要介绍了床尾电视柜模型的制作方法、步骤。要求重点掌握床尾电视柜的常用尺寸、装饰花纹的制作、【倒角剖面】和【对齐】命令的灵活使用。

【项目 4：小结和拓展训练】

六、项目拓展训练

根据所学知识，制作床尾电视柜模型，最终效果如图 5.82 所示。

图 5.82　最终效果

项目 5：卧室装饰模型的制作

【项目 5：内容
简介】

一、项目内容简介

本项目主要介绍卧室装饰模型的制作。

二、项目效果欣赏

三、项目制作流程

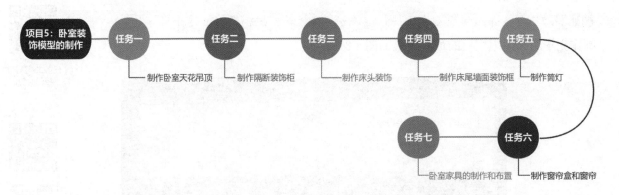

四、项目详细过程

项目引入：

（1）CAD 图纸的导入。

（2）【放样】命令的作用和使用方法。

（3）【ProBoolean】命令的作用和使用方法。

（4）可编辑多边形中的【挤出】【切角】【插入】的使用方法。

任务一：制作卧室天花吊顶

卧室天花吊顶的制作方法比较简单，主要通过对闭合的二维曲线进行放样来制作。具体制作方法如下。

1. 制作天花吊顶板

步骤 1：打开前面已经制作好的墙体模型，另存为"卧室装饰设计素模 .max"文件。

步骤 2：创建两个目标摄影机，架设的摄影机如图 5.83 所示。创建两个摄影机的目的是通过两个不同的角度观察效果，摄影机具体调节方法请参考配套教学素材。

步骤 3：在【创建】面板中单击【图形】→【线】命令，在【顶视图】中沿着墙体的内边创建一条闭合曲线，命名为"闭合曲线 01"。

步骤 4：单击"闭合曲线 01"中的【样条线】按钮，在【修改】面板中的【轮廓】按钮右边的文本输入框中输入 300mm，按键盘上的"Enter"键得到轮廓线效果，如图 5.84 所示。

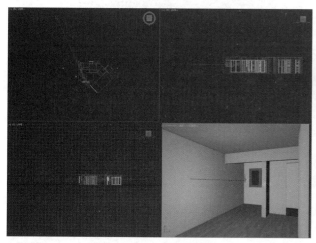

图 5.83　架设的摄影机

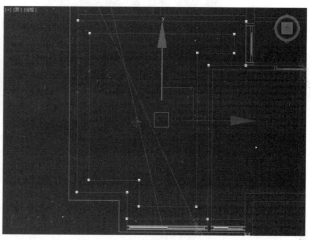

图 5.84　轮廓线效果

步骤 5：在【修改】面板中单击【顶点】按钮，进入顶点编辑模式。选择内侧样条线中多余的顶点，单击【修改】面板中的【删除】按钮，将多余的顶点删除，再调节好顶点的位置。调节好位置的轮廓样条线如图 5.85 所示。

步骤 6：给闭合的轮廓线添加一个【挤出】命令，挤出的数量为 80mm，将挤出的对象转换为可编辑多边形，并命名为"天花吊顶板"，天花吊顶板的位置和效果如图 5.86 所示。

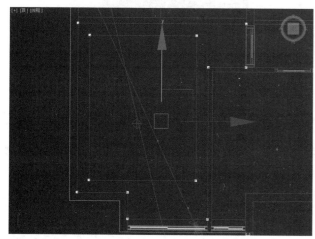

图 5.85　调节好位置的轮廓样条线

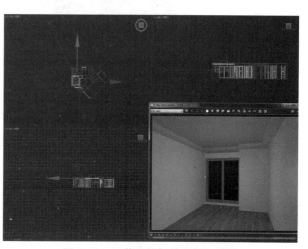

图 5.86　天花吊顶板的位置和效果

2. 制作天花吊顶装饰框

天花吊顶装饰框的制作方法是对二维闭合曲线进行放样处理。

步骤1：在【创建】面板中单击【图形】→【线】命令，在【顶视图】中沿着墙体的内边创建一条闭合曲线，命名为"闭合曲线02"。

步骤2：在【创建】面板中单击【图形】→【矩形】命令，在【前视图】中创建一个矩形（长80mm，宽160mm）。

步骤3：将创建的矩形转换为可编辑样条线，进入样条线的顶点编辑模式。调节顶点的位置，调节后的效果如图5.87所示。

步骤4：切换到【复合对象】面板，选择前面创建的"闭合曲线02"，在面板中单击【放样】→【获取图形】按钮，在场景中单击调节好形态的矩形即可。

步骤5：将放样的对象转换为可编辑对象，命名为"吊顶装饰框"，调节好位置，吊顶装饰框效果如图5.88所示。

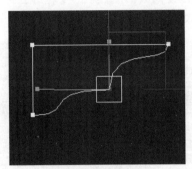

图5.87 调节后的效果

图5.88 吊顶装饰框效果

3. 制作天花吊顶中式木框

天花吊顶中式木框的制作方法是先导入CAD图纸并根据CAD图纸绘制闭合曲线，再对闭合曲线进行挤出处理。

步骤1：将"中式木框CAD图纸"导入场景中，在【顶视图】中调节好位置。导入的CAD图纸如图5.89所示。

步骤2：在【创建】面板中单击【图形】→【线】命令，在【顶视图】中沿着CAD图纸绘制闭合曲线。绘制好的闭合曲线如图5.90所示。

图5.89 导入的CAD图纸

图5.90 绘制好的闭合曲线

步骤3：给绘制的闭合曲线添加【挤出】命令，挤出的数量为40mm，将挤出的对象转换为可编辑多边形，将所有挤出的对象合并成一个对象，命名为"天花吊顶中式木框"。挤出的效果如图5.91所示。调节好位置的效果如图5.92所示。

视频播放： 具体介绍请观看配套视频"任务一：制作卧室天花吊顶.mp4"。

【任务一：制作
卧室天花吊顶】

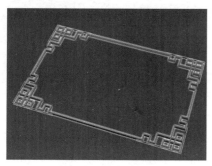

图 5.91 挤出的效果

图 5.92 调节好位置的效果

任务二：制作隔断装饰柜

隔断装饰柜的制作主要通过对基本几何体进行编辑和调节完成。具体制作方法如下。

步骤 1：在【创建】面板中单击【长方体】按钮，在【顶视图】中创建一个立方体并命名为"隔断装饰柜"，具体参数设置如图 5.93 所示。

步骤 2：将创建的"隔断装饰柜"转换为可编辑多边形。选择正面的所有面，单击【插入】按钮，弹出参数设置面板，插入参数和效果如图 5.94 所示。

步骤 3：对插入的面进行挤出操作，挤出的数值为 −50mm。挤出后的效果如图 5.95 所示。

图 5.93 "隔断装饰柜"参数设置

图 5.94 插入参数和效果

图 5.95 挤出后的效果

步骤 4：在【创建】面板中单击【长方体】按钮，在【顶视图】中创建两个立方体，创建的两个立方体如图 5.96 所示。

步骤 5：使用【复合对象】面板中的【ProBoolean】命令进行布尔运算（差集），布尔运算后的效果如图 5.97 所示。

步骤 6：制作隔断柜门。隔断门在此就不再详细介绍，直接将第 3 章中的电视柜门直接导入并进行适当修改即可。具体操作请参考配套教学视频。隔断柜门的最终效果如图 5.98 所示。

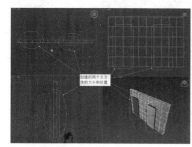

图 5.96 创建的两个立方体

图 5.97 布尔运算后的效果

图 5.98 隔断柜门的最终效果

任务三：制作床头装饰

床头装饰的制作方法是创建一个平面，并对平面进行编辑。

步骤 1：在【创建】面板中单击【平面】按钮，在【左视图】中创建一个平面并命名为"窗棂花纹"，具体参数设置如图 5.99 所示。

步骤 2：将创建的"窗棂花纹"转换为可编辑多边形。进入顶点编辑模式，选择除边缘以外的所有顶点。在【修改】面板中单击【切角】右边的【设置】按钮，弹出参数设置面板，切角参数和效果如图 5.100 所示。单击☑按钮完成切角操作。

步骤 3：进入"窗棂花纹"的多边形编辑模式，选择所有的面，单击【插入】右边的【设置】按钮，弹出参数设置面板，插入参数和效果如图 5.101 所示。单击☑按钮完成插入操作。

图 5.99 "窗棂花纹"参数设置

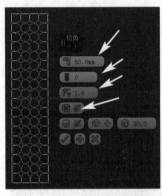

图 5.100 切角参数和效果

图 5.101 插入参数和效果

步骤 4：按键盘上的"Delete"键删除插入的面，再框选剩下的所有面，单击【挤出】右边的【设置】按钮，弹出参数设置面板，挤出参数和效果如图 5.102 所示。单击☑按钮完成挤出操作。

步骤 5：将制作好的"窗棂花纹"模型复制 1 个。

步骤 6：在【创建】面板中单击【平面】按钮，在【左视图】中创建一个平面并命名为"床头装饰框"，具体参数设置如图 5.103 所示。

步骤 7：将"床头装饰框"转换为可编辑多边形。进入顶点编辑模式，在【左视图】中调节顶点的位置，调节后的效果如图 5.104 所示。

图 5.102 挤出参数和效果

图 5.103 "床头装饰框"参数设置

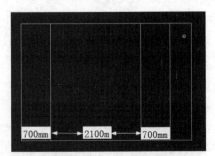

图 5.104 调节后的效果

步骤 8：进入"床头装饰框"多边形编辑模式，在【修改】面板中单击【插入】按钮右边的【设置】按钮，弹出参数设置面板，插入参数和效果如图 5.105 所示。单击☑按钮完成插入操作。

步骤 9：将插入的面删除，框选留下的面，单击【挤出】命令右边的【设置】按钮，弹出参数设置面板，挤出参数和效果如图 5.106 所示。单击 ☑ 按钮完成挤出操作。

步骤 10：再创建一个与"床头装饰框"长宽一致的平面，命名为"床头装饰画"。将挤出的"床头装饰框""床头装饰画""窗棂花纹"调节好位置。床头装饰最终效果如图 5.107 所示。

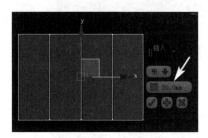
图 5.105　插入参数和效果

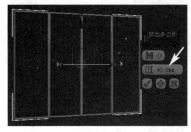
图 5.106　挤出参数和效果

图 5.107　床头装饰最终效果

视频播放：具体介绍请观看配套视频"任务三：制作床头装饰.mp4"。

【任务三：制作床头装饰】

任务四：制作床尾墙面装饰框

床尾墙面装饰框的制作方法是导入 CAD 图纸，根据 CAD 图纸绘制闭合曲线，对闭合曲线进行操作。制作方法与制作天花吊顶装饰框的方法相同，具体操作请参考前文或配套教材中的视频素材。床尾墙面装饰框如图 5.108 所示。

图 5.108　床尾墙面装饰框

视频播放：具体介绍请观看配套视频"任务四：制作床尾墙面装饰框.mp4"。

【任务四：制作床尾墙面装饰框】

任务五：制作筒灯

筒灯的制作主要是通过对基本几何体进行编辑来完成的。具体制作方法如下。

步骤 1：在【创建】面板中单击【管状体】按钮，在【顶视图】中创建一个管状体，筒灯壳参数设置如图 5.109 所示。

步骤 2：将筒灯壳转换为可编辑多边形。进入边编辑模式，选择底部的两条循环边，在【修改】面板中单击【切角】右边的【设置】按钮，弹出参数设置面板，切角参数和效果如图 5.110 所示。

步骤 3：在【创建】面板中单击【圆柱体】按钮，在【顶视图】中创建一个圆柱体，设置参数和调节位置，筒灯片参数和位置如图 5.111 所示。

步骤 4：创建一个"VRay- 灯光材质"并将其赋予"筒灯片"模型。将"筒灯壳"和"筒灯片"合成一个名为"筒灯 01"的组。

步骤 5：复制 12 个"筒灯 01"，调节好筒灯的位置，如图 5.112 所示，筒灯效果如图 5.113 所示。

图 5.109　筒灯壳参数设置

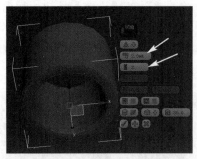

图 5.110　切角参数和效果

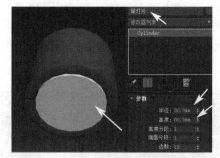

图 5.111　筒灯片参数和位置

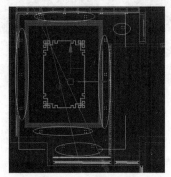

图 5.112　筒灯位置

图 5.113　筒灯效果

视频播放： 具体介绍请观看配套视频"任务五：制作筒灯 .mp4"。

【任务五：制作
筒灯】

任务六：制作窗帘盒和窗帘

窗帘的制作方法：绘制二维曲线→对二维曲线进行挤出处理→将挤出对象转换为可编辑多边形→添加"FFD"修改，进行变形处理。具体操作方法如下。

1. 制作窗帘盒

步骤 1：在【创建】面板中单击【立方体】按钮，在【顶视图】中创建一个立方体并命名为"窗帘盒"，具体参数设置如图 5.114 所示。

步骤 2：将"窗帘盒"转换为可编辑多边形，进入多边形编辑模式，选择底部的面。在【修改】面板中单击【插入】右边的【设置】按钮，弹出参数设置面板，插入参数和效果如图 5.115 所示。单击☑按钮完成插入。

步骤 3：单击【挤出】按钮右边的【设置】按钮，弹出参数设置面板，挤出参数和效果如图 5.116 所示。单击☑按钮完成挤出。

2. 制作窗帘

步骤 1：在【创建】面板中单击【图形】→【线】按钮，在【顶视图】中绘制二维曲线，如图 5.117 所示。

步骤 2：给绘制的二维曲线添加【挤出】命令，挤出的数量为 2500mm，命名为"窗帘纱 01"。挤出的窗帘效果如图 5.118 所示。

步骤 3：将挤出的"窗帘纱 01"转换为可编辑多边形。

步骤 4：方法同上，创建"窗帘纱 02""遮阳窗帘 01""遮阳窗帘 02"。

步骤 5：分别给"遮阳窗帘 01"和"遮阳窗帘 02"添加【FFD4×4×4】修改器。使用【缩放】和【移动】工具调节【FFD4×4×4】修改命令的控制点。对"遮阳窗帘 01"和"遮阳窗帘 02"进行变形操作。

步骤 6：再创建两个管状体，使用【缩放】工具进行缩放操作，作为"遮阳窗帘"的扎带。制作好的窗帘效果如图 5.119 所示。

图 5.114　"窗帘盒"参数设置

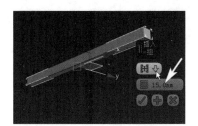

图 5.115　插入参数和效果

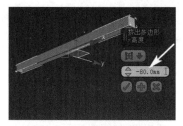

图 5.116　挤出参数和效果

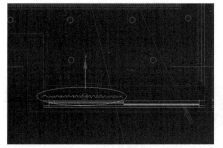

图 5.117　绘制的二维曲线

图 5.118　挤出的窗帘效果

图 5.119　制作好的窗帘效果

视频播放： 具体介绍请观看配套视频"任务六：制作窗帘盒和窗帘 .mp4"。

【任务六：制作窗帘盒和窗帘】

任务七：卧室家具的制作和布置

卧室家具主要包括床、床头柜、休闲桌椅等。读者可以直接从配套素材中调用，也可以根据个人的创意重新建模。

步骤 1：打开"卧室装饰设计素模 .max"文件，另存为"卧室装饰设计素模家具布置 .max"文件。

步骤 2：在菜单栏中单击【文件（F）】→【导入（I）】→【合并（M）…】命令，弹出【合并文件】设置对话框，在弹出的对话框中选择"床模型 .max"文件，单击【打开】按钮，弹出【合并 – 床模型 .max】对话框，如图 5.120 所示。

步骤 3：在【合并 – 床模型 .max】对话框中选择需要导入的文件，单击【确定】按钮完成模型的导入。

步骤 4：使用【移动】和【旋转】工具调节好导入模型的位置，调节好位置的床的效果如图 5.121 所示。

步骤 5：方法同上。将其他卧室家具导入场景中，使用【移动】和【旋转】工具调节位置，导入家具并调节好位置后的效果如图 2.122 所示。

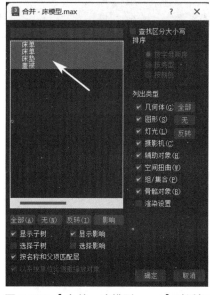

图 5.120　【合并 – 床模型 .max】对话框

视频播放： 具体介绍请观看配套视频"任务七：卧室家具的制作和布置.mp4"。

【任务七：卧室家具的制作和布置】

图 5.121　调节好位置的床的效果　　　　图 5.122　导入家具并调节好位置后的效果

五、项目小结

本项目主要介绍了卧室装饰模型的制作。要求重点掌握吊顶、窗棂花纹、筒灯的制作方法、步骤。

【项目 5：小结和拓展训练】

六、项目拓展训练

根据所学知识，制作卧室模型，最终效果如图 5.123 所示。

图 5.123　最终效果

第6章

卧室空间表现

技能点

项目1：卧室材质粗调。

项目2：参数优化、灯光布置、输出光子图。

项目3：卧室材质细调和渲染输出。

项目4：卧室效果图后期处理。

说　明

本章主要通过4个项目全面介绍卧室空间表现的方法、步骤。

教学建议课时数

一般情况下需要20课时，其中理论6课时，实际操作14课时（特殊情况下可做相应调整）。

【第6章　内容简介】

在中式卧室设计过程中，一般情况下，顶面采用木线、角花、木花格装饰，墙面使用木线和壁纸混合形式的装饰，地面一般采用深色的木地板或仿古地砖以体现中式设计浓重、内敛的色彩特点。

卧室中的家具主要包括床、床头柜、电视柜。在设计时，一定要注意这些家具的选择，并根据卧室空间的大小来确定。例如，如果卧室空间比较小，就不适合选择带有幔帐的中式床；如果空间比较大，则可以选择带有幔帐的中式床。

项目 1：卧室材质粗调

【项目 1：内容简介】

一、项目内容简介

本项目主要介绍卧室中各种材质的粗调。

二、项目效果欣赏

三、项目制作流程

四、项目详细过程

项目引入：

（1）"多维 / 子对象"材质的贴图原理以及制作方法是什么？

（2）"被子材质"的 ID 号有什么作用？

（3）中式卧室室内装饰搭配需要注意哪些原则？

任务一：木纹材质的粗调

在中式卧室中，很多家具和装饰都采用木纹材质。因此，对于木纹的纹理和颜色的选择直接关系到整个卧室空间效果的表现。在本项目中，主要采用红木材质饰面板进行卧室的装饰。具体制作方法如下。

步骤 1：启动 3ds Max 2024。打开"卧室装饰设计素模家具布置 .max"文件，将其另存为"卧室装饰设计材质粗调 .max"文件。

步骤 2：单击【材质编辑器】按钮，打开【材质编辑】面板，单击一个空白示例球，并命名为"木纹材质"。

步骤 3：将标准材质切换为 VRayMtl 材质。单击"木纹材质"右边的【Standard】按钮，弹出【材质 / 贴图浏览器】对话框，在该对话框中双击【VRayMtl】命令即可。

步骤 4：单击【漫反射】右边的【点击来选择贴图（或拖放贴图）】按钮▓，弹出【材质 / 贴图浏览器】对话框，在该对话框中双击【位图】命令，弹出【选择位图图像文件】对话框，在该对话框中选择"木纹 011.jpg"文件，木纹贴图效果如图 6.1 所示，单击【打开（O）】按钮。

步骤 5：将"木纹材质"赋予床、床头柜、吊顶边角线、装饰框、台灯、吊灯框架。根据需要添加 UVW 贴图，修改并选择相应的贴图方式。添加"木纹材质"后的效果如图 6.2 所示。

> **视频播放**：具体介绍请观看配套视频"任务一：木纹材质的粗调 .mp4"。

【任务一：木纹材质的粗调】

任务二：被子材质的粗调

被子材质的粗调主要通过"多维 / 子对象"材质与"VRayMtl"材质相结合来实现。具体方法如下。

步骤 1：在【材质编辑】面板中单击一个空白示例球，并命名为"被子材质"。

步骤 2：将标准材质切换为"多维 / 子对象"材质。单击"被子材质"右边的【Standard】按钮，弹出【材质 / 贴图浏览器】对话框，在该对话框中双击【多维 / 子对象】命令，弹出【替换材质】对话框，在该对话框中选择【替换旧材质？】选项，单击【确定】按钮即可。

步骤 3：设置子对象的数量。单击【多维 / 子对象基本参数】卷展栏中的【设置数量】按钮，弹出【设置材质数量】对话框，设置数量为 3，单击【确定】按钮，完成子对象数量的设置，多维 / 子对象的基本参数如图 6.3 所示。

图 6.1　木纹贴图效果

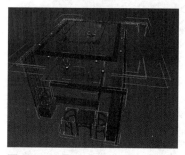

图 6.2　添加"木纹材质"的效果

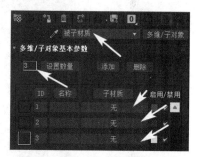

图 6.3　多维 / 子对象的基本参数

步骤 4：单击 ID 号为"1"的子材质对应的【无】按钮，弹出【材质 / 贴图浏览器】对话框，在该对话框中双击【VRayMtl】命令，即可将 ID 号为"1"的材质设置为 VRayMtl 材质。

步骤 5：给"被子正面材质"中的【漫反射】添加一张位图纹理贴图，位图纹理效果如图 6.4 所示。位图参数设置如图 6.5 所示。

步骤 6：将 ID 号为"2"的子材质设置为 VRayMtl 材质，命名为"被子包边材质"，给【漫反射】添加一张位图纹理材质。纹理效果和参数设置如图 6.6 所示。

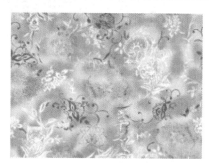

图 6.4　位图纹理效果

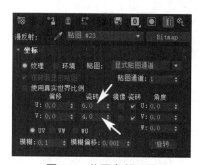

图 6.5　位图参数设置

步骤 7：将 ID 号为"3"的子材质设置为 VRayMtl 材质，命名为"被子背面材质"，给【漫反射】添加一张位图纹理材质。纹理效果和参数设置如图 6.7 所示。"被子材质"面板如图 6.8 所示。

步骤 8：将"被子材质"赋予材质。效果如图 6.9 所示。

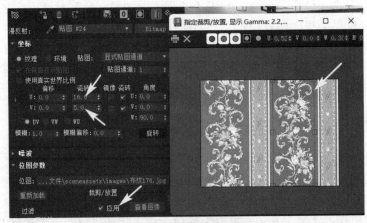

图 6.6 纹理效果和参数设置（1）

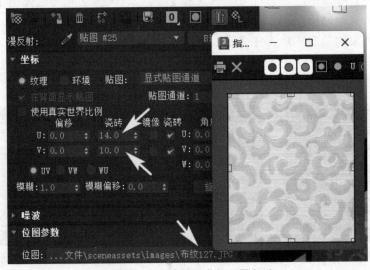

图 6.7 纹理效果和参数设置（2）

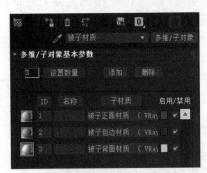

图 6.8 "被子材质"面板

图 6.9 "被子材质"赋予材质的效果

视频播放： 具体介绍请观看配套视频"任务二：被子材质的粗调 .mp4"。

【任务二：被子
材质的粗调】

任务三：枕头和床单材质的粗调

枕头和床单材质的粗调比较简单，在【材质编辑器】中指定一个空白示例球，将材质转换为 VRayMtl 材质，再指定【漫反射】的贴图纹理即可。

1. "枕头材质"的粗调

步骤 1：在【材质编辑器】中指定一个空白示例球，将其命名为"枕头材质"。

步骤 2：将标准材质切换为 VRayMtl 材质。单击"枕头材质"右边的【Standard】按钮，弹出【材质 / 贴图浏览器】对话框，在该对话框中双击【VRayMtl】命令即可。

步骤 3：单击【漫反射】右边的【点击来选择贴图（或拖放贴图）】按钮■，弹出【材质 / 贴图浏览器】对话框，在该对话框中双击【位图】命令，弹出【选择位图图像文件】对话框，在该对话框中选择"抱枕布纹 12.jpg"文件，布纹贴图效果如图 6.10 所示，单击【打开（O）】按钮即可。

2. "床单材质"的粗调

"床单材质"的粗调方法与"枕头材质"的制作方法完全相同，贴图位图也一样，只是贴图位图的参数不同。"床单材质"的位图参数设置如图 6.11 所示。具体操作步骤不再详细介绍。将"枕头材质"和"床单材质"赋予枕头与床单模型，枕头和床单赋予材质的效果如图 6.12 所示。

图 6.10　布纹贴图效果

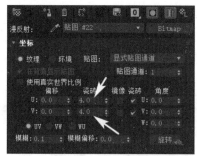

图 6.11　"床单材质"的位图参数设置

图 6.12　枕头和床单赋予材质的效果

视频播放： 具体介绍请观看配套视频"任务三：枕头和床单材质的粗调.mp4"。

【任务三：枕头和床单材质的粗调】

任务四：其他材质的粗调

其他材质主要包括"VR- 灯光材质""窗帘纱材质""窗帘材质""床头背景材质""休闲椅布纹材质""床尾背景材质"。这些材质的制作比较简单，具体制作方法如下。

1. "VR- 灯光材质"的粗调

步骤 1：在【材质编辑器】中指定一个空白示例球，将其命名为"VRay- 灯光材质"。

步骤 2：将标准材质切换为"VRay- 灯光材质"。单击"VRay- 灯光材质"右边的【Standard】按钮，弹出【材质 / 贴图浏览器】对话框，在该对话框中双击【VRay- 灯光材质】命令即可。

步骤 3："VRay- 灯光材质"的颜色设置为淡黄色（R：255，G：175，B：90）。

步骤 4：将"VRay- 灯光材质"赋予所有筒灯的灯皮和台灯的灯皮。

2. "休闲椅布纹材质"的粗调

步骤 1：在【材质编辑器】中指定一个空白示例球，将其命名为"休闲椅布纹材质"。

步骤 2：将标准材质切换为"VRayMtl 材质"。单击"休闲椅布纹材质"右边的【Standard】按钮，弹出【材质 / 贴图浏览器】对话框，在该对话框中双击【VRayMtl】命令即可。

步骤 3：给"休闲椅布纹材质"的【漫反射】添加一张位图贴图，如图 6.13 所示。

步骤 4：将"休闲椅布纹材质"赋予休闲椅的坐垫和靠背，并根据需要给每个坐垫和靠背添加【UVW 贴图】修改器，选择合适的贴图方式。贴图后的效果如图 6.14 所示。

图 6.13　位图贴图

图 6.14　贴图后的效果

3. "床头背景材质"和"床尾背景材质"的粗调

"床头背景材质"和"床尾背景材质"的粗调方法、步骤完全相同，只是【漫反射】的贴图不同而已。分别给"床头背景材质"和"床尾背景材质"的漫反射添加一张如图 6.15 所示的位图贴图即可。

图 6.15　"床头背景材质"和"床尾背景材质"的位图贴图

4. "窗帘材质"和"窗帘纱材质"的粗调

（1）"窗帘材质"的粗调。

步骤 1：在【材质编辑器】中指定一个空白示例球，将其命名为"窗帘材质"。

步骤 2：将标准材质切换为"VRayMtl 材质"。单击"窗帘材质"右边的【Standard】按钮，弹出【材质 / 贴图浏览器】对话框，在该对话框中双击【VRayMtl】命令即可。

步骤 3：给"窗帘材质"的【漫反射】添加一张如图 6.16 所示的位图贴图。

步骤 4：将"窗帘材质"赋予窗帘，并根据需要给窗帘添加【UVW 贴图】修改器。选择"长方体"贴图方式，根据实际效果调节长、宽、高的参数。

（2）"窗帘纱材质"的粗调。

"窗帘纱材质"的粗调请参考第 4 章或配套素材中的视频。窗帘和窗帘纱的最终效果如图 6.17 所示。

图 6.16　位图贴图

图 6.17　窗帘和窗帘纱贴图效果

视频播放：具体介绍请观看配套视频"任务四：其他材质的粗调 .mp4"。

【任务四：其他
材质的粗调】

五、项目小结

本项目主要介绍了"木纹材质""被子材质""枕头材质""床单材质"以及其他材质的粗调。要求重点掌握"被子材质"中的"多维 / 子对象材质"的设置以及"窗帘纱"材质的粗调。

六、项目拓展训练

根据所学知识，打开"中式卧室拓展训练 .max"文件进行材质粗调。最终效果如图 6.18 所示。

图 6.18　最终效果

项目 2：参数优化、灯光布置、输出光子图

一、项目内容简介

本项目主要介绍参数优化、灯光布置、输出光子图的方法、步骤。

二、项目效果欣赏

三、项目制作流程

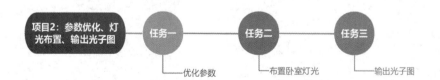

四、项目详细过程

项目引入：

（1）光度学灯光的作用和使用方法。

（2）IES 灯光的作用和使用方法。

（3）Web 灯光的作用和使用范围。

任务一：优化参数

将"卧室装饰设计素模家具布置 .max"文件另存为"卧室装饰设计灯光布置 .max"文件。对文件进行参数优化。参数的具体优化过程请参考第 4 章中项目 3 中的任务一的具体操作，或观看配套素材中的教学视频。

> **视频播放：** 具体介绍请观看配套视频"任务一：优化参数.mp4"。

【任务一：优化
参数】

任务二：布置卧室灯光

灯光布置主要包括天光、灯带、筒灯、台灯的布置。具体操作方法如下。

1. 布置天光

在第 4 章中介绍了使用 V-Ray 中的面光源制作天光，在此，使用 V-Ray 中的环境光来制作天光。具体操作步骤如下。

步骤 1：在菜单栏中单击【渲染（R）】→【渲染设置（R）…】命令（或按键盘上的"F10"键），弹出【渲染设置】对话框。在该对话框中单击【V-Ray】选项，弹出参数设置面板。

步骤 2：设置【V-Ray】参数。天光参数设置如图 6.19 所示。

2. 布置台灯和吊灯

台灯和吊灯的布置主要使用 V-Ray 灯光中的"球体"类型来模拟。具体操作方法如下。

步骤 1：在【创建】面板中单击【灯光】按钮，切换到【灯光】创建面板。

步骤 2：在【灯光】创建面板选择【VRay】灯光类型。单击【VRay 灯光】按钮，在【顶视图】中创建一个"VRay 灯光"，灯光的颜色为淡黄色（R：255，G：158，B：44），"VRay 灯光"的参数设置如图 6.20 所示。

步骤 3：将创建的灯光以实例方式复制 2 个，分别放置到台灯和吊灯的中间，位置如图 6.21 所示。

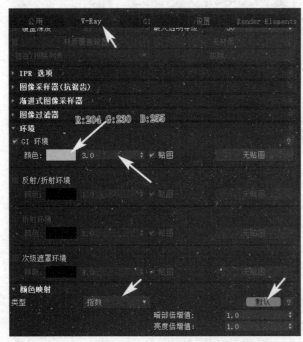

图 6.19 天光参数设置

图 6.20 "VRay 灯光"的参数设置

3. 布置吊顶的灯带

吊顶的灯带主要通过"VRay- 灯光材质"来实现。具体制作方法如下。

步骤 1：绘制灯带模型。在【创建】面板中单击【图形】 🖉 →【线】按钮，在【顶视图】中绘制闭合曲线并命名为"灯带"。

步骤 2："灯带"参数设置如图 6.22 所示。在各个视图中的位置如图 6.23 所示。

步骤 3：在【材质编辑器】中选择一个空白示例球并命名为"灯带材质"。

步骤 4：将标准材质切换为"VRayLightMtl"材质。单击"灯带材质"右边的【Standard】按钮，弹出【材质 / 贴图浏览器】对话框，在该对话框中双击【VRayLightMtl】命令即可，材质参数设置如图 6.24 所示。

步骤 5：将"VRay- 灯光材质"赋予"灯带"模型。

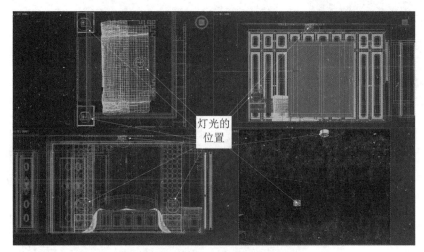

图 6.21　灯光的位置

图 6.22　"灯带"参数设置

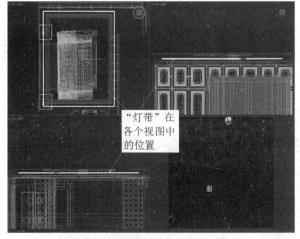

图 6.23　"灯带"在各视图中的位置

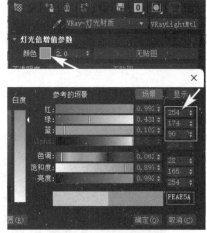

图 6.24　材质参数设置

4. 布置筒灯

筒灯的模拟主要使用光度学灯光中的 IES 灯光来制作。具体操作方法如下。

步骤 1：在【创建】面板中切换到【光度学】选项。单击【自由灯光】按钮，在【顶视图】中创建一个自由灯光。

步骤 2：将灯光分布类型设置为【光度学 Web】类型。

步骤 3：单击【分布（光度学 Web）】卷展栏下的【选择光度学文件】按钮，弹出【打开光域 Web 文件】对话框，在该对话框中选择素材中提供的"19.ies"文件，单击【打开（O）】即可将自由灯光切换为 IES 灯光，参数采用默认设置。

步骤 4：将创建的灯光以实例方式复制 12 盏，将灯光放置到各个筒灯的下面，筒灯的位置如图 6.25 所示。灯光布置完毕后的效果如图 6.26 所示。

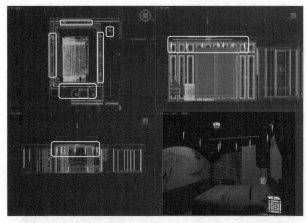

图 6.25　筒灯的位置　　　　　　　　　　图 6.26　灯光布置完毕后的效果

> **视频播放：** 具体介绍请观看配套视频"任务二：布置卧室灯光.mp4"。

【任务二：布置卧室灯光】

任务三：输出光子图

光子图的输出请参考本书第 4 章中输出光子图的详细介绍或参考配套素材中的教学视频。

> **视频播放：** 具体介绍请观看配套视频"任务三：输出光子图.mp4"。

【任务三：输出光子图】

五、项目小结

本项目主要介绍了卧室空间表现的参数优化、灯光布置、光子图的输出。要求重点掌握灯光布置中的 Web 灯光的作用、使用方法。

六、项目拓展训练

根据所学知识，打开"中式卧室拓展训练.max"文件进行参数优化、灯光布置、输出光子图。最终效果如图 6.27 所示。

【项目 2：小结和拓展训练】

图 6.27　最终效果

项目 3：卧室材质细调和渲染输出

【项目 3：内容
简介】

一、项目内容简介

本项目主要介绍材质细调和渲染输出等相关知识。

二、项目效果欣赏

三、项目制作流程

四、项目详细过程

项目引入：

（1）进行材质细调之前，需要调节哪些渲染设置？

（2）怎样提取需要进行细调的材质？

（3）细调材质的基本流程是什么？

（4）怎样制作 AO 图和分色图？

任务一：细调"木纹材质"

步骤 1：打开【材质编辑器】，单击【实用程序（U）】→【重置材质编辑器窗口】命令，将【材质编辑器】进行重置。

步骤 2：单击【材质编辑器】中第 1 个空白示例球。单击【从对象拾取材质】按钮，在场景中单击任意一个赋予了"木纹材质"的对象，即可将"木纹材质"拾取出来。

步骤 3："木纹材质"的参数设置如图 6.28 所示。

图 6.28　"木纹材质"的参数设置

【任务一：细调"木纹材质"】

> **视频播放**：具体介绍请观看配套视频"任务一：细调"木纹材质".mp4"。

任务二：细调"被子材质""枕头材质""床尾装饰画"

步骤1：单击【材质编辑器】中第1个空白示例球。单击【从对象拾取材质】按钮，在场景中单击被子模型，即可将"被子材质"拾取出来。

步骤2："被子材质"为一个"多维/子对象"材质。【被子材质】面板如图6.29所示。依次单击"子材质"进入【子材质编辑】面板，在该面板中将【反射】参数组中的【细分】值设置为50。

步骤3：单击【材质编辑器】中第1个空白示例球。单击【从对象拾取材质】按钮，在场景中单击枕头模型，即可将"枕头材质"拾取出来。

步骤4：将【反射】参数组中的【细分】值设置为50。

步骤5：使用【从对象拾取材质】按钮，将"床尾装饰画"材质拾取出来。将【细分】值设置为50，"床尾装饰画"材质参数如图6.30所示。

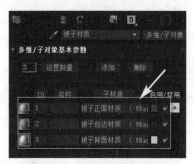

图6.29 "被子材质"面板

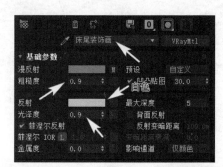

图6.30 "床尾装饰画"材质参数

> **视频播放**：具体介绍请观看配套视频"任务二：细调"被子材质""枕头材质""床尾装饰画".mp4"。

【任务二：细调"被子材质""枕头材质""床尾装饰画"】

任务三：细调其他材质

其他材质主要包括"休闲椅布纹材质""床头背景材质""床尾背景材质""窗帘材质"。这些材质调节比较简单，使用【从对象拾取材质】按钮，将材质拾取出来，将【漫反射】中的【细分】值设置为50。在此就不再详细介绍。

> **视频播放**：具体介绍请观看配套视频"任务三：细调其他材质.mp4"。

【任务三：细调其他材质】

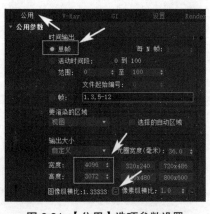

图6.31 【公用】选项参数设置

任务四：调节灯光参数和渲染输出

灯光的调节比较简单，只需将创建的所有灯光的【细分】值设置为50，其他参数采用默认值即可。

渲染输出的具体操作如下。

步骤1：打开【渲染设置】，单击【公用】选项，具体参数设置如图6.31所示。

步骤2：单击【V-Ray】选项，具体参数设置如图6.32所示。

步骤3：单击【GI】选项，具体参数设置如图6.33所示。

步骤4：单击【渲染】按钮，即可对场景进行渲染。"Camera001"角度的渲染效果如图6.34所示。

步骤5：将摄像机切换到"Camera002"。文件保存为"卧室02.tif"，再次进行渲染。"Camera002"角度的渲染效果如图6.35所示。

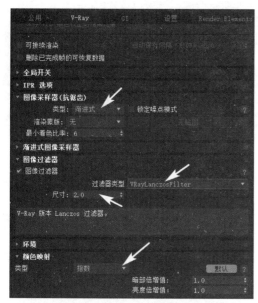

图 6.32　【V-Ray】选项参数设置

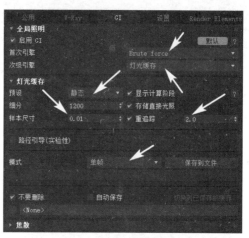

图 6.33　【GI】选项参数设置

图 6.34　"Camera001"角度的渲染效果

图 6.35　"Camera002"角度的渲染效果

步骤 6：将所有射灯（光度学 Web）中的阴影参数选项取消，射灯参数调节如图 6.36 所示，再对两个摄像机角度进行渲染，取消阴影后的渲染效果如图 6.37 所示。

图 6.36　射灯参数调节

图 6.37　取消阴影后的渲染效果

步骤 7：参考第 4 章项目 4 的任务五，将卧室的 AO 图和分色图渲染输出。两个角度的 AO 图和分色图渲染效果如图 6.38 所示。

视频播放： 具体介绍请观看配套视频"任务四：调节灯光参数和渲染输出.mp4"。

【任务四：调节
灯光参数和渲染
输出】

图 6.38　两个角度的 AO 图和分色图渲染效果

五、项目小结

本项目主要介绍了各种材质的细调、AO 图和分色图的渲染输出，以及灯光参数的细调。要求重点掌握细调材质的方法、步骤。

【项目 3：小结和拓展训练】

六、项目拓展训练

根据所学知识，打开"中式卧室拓展训练 .max"文件进行细调，输出成品图、AO 图和分色图，最终效果如图 6.39 所示。

图 6.39　最终效果

项目 4：卧室效果图后期处理

一、项目内容简介

本项目主要介绍卧室效果图后期处理的相关知识。

【项目 4：内容简介】

二、项目效果欣赏

三、项目制作流程

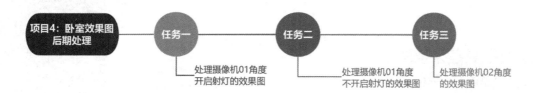

四、项目详细过程

项目引入：

（1）效果图后期处理的基本流程是什么？

（2）效果图后期处理的基本原理是什么？

（3）Photoshop 软件中常用特效的使用方法、步骤。

（4）蒙版图层和调整图层的使用方法、步骤。

在本项目中主要进行卧室空间效果图后期处理，包括两个摄像机不同的角度以及开启与不开启射灯的效果图。具体制作方法如下。

任务一：处理摄像机 01 角度开启射灯的效果图

步骤 1：启动 Photoshop 软件，打开需要处理的渲染效果图，如图 6.40 所示。

步骤 2：将打开的文件另存为"卧室角度 01 开启射灯 .psd"文件。在【图层】面板中双击"背景"图层，弹出【新建图层】对话框，保持默认设置，单击【确定】按钮即可将"背景"图层转换为"图层 0"。

步骤 3：调节图像的色阶。在【图层】面板的下方单击【创建新的填充或调整图层】按钮 ◑，弹出快捷菜单，单击【色阶...】命令即可添加一个"色阶"调整图层，具体参数如图 6.41 所示。调节后的效果如图 6.42 所示。

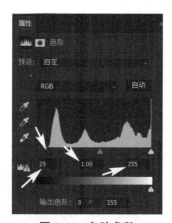

图 6.40　需要处理的渲染效果图　　　　图 6.41　色阶参数　　　　图 6.42　调节后的效果

步骤 4：在【图层】面板的下方单击【创建新的填充或调整图层】按钮 ◑，弹出快捷菜单，单击【亮度 / 对比度...】命令即可添加一个"亮度 / 对比度..."调整图层，具体参数如图 6.43 所示。调节后的效果如图 6.44 所示。

步骤 5：在【图层】面板的下方单击【创建新的填充或调整图层】按钮 ◑，弹出快捷菜单，单击【曲线...】命令即可添加一个"曲线"调整图层，具体参数如图 6.45 所示。调节后的效果如图 6.46 所示。

步骤 6：打开分色图，如图 6.47 所示，将其复制到"卧室角度 01 开启射灯 .psd"文件中，"分色图"图层的位置如图 6.48 所示。

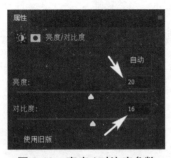

图 6.43　亮度 / 对比度参数

图 6.44　调节后的效果

图 6.45　曲线参数

图 6.46　调节后的效果

图 6.47　打开的分色图

图 6.48　"分色图"图层的位置

步骤 7：确保"分色图"图层被选中，单击【魔棒工具】，在图像编辑区单击，选择的图像区域如图 6.49 所示。

步骤 8：选择"图层 0"，按键盘上的"Ctrl+C"组合键复制选区内容，再按"Ctrl+V"组合键将复制内容粘贴到当前位置。粘贴后的图层如图 6.50 所示。

步骤 9：在菜单栏中单击【滤镜】→【模糊】→【表面模糊】命令，弹出【表面模糊】对话框，具体参数如图 6.51 所示。单击【确定】按钮，添加表面模糊后的效果如图 6.52 所示。

图 6.49　选择的图像区域

图 6.50　粘贴后的图层

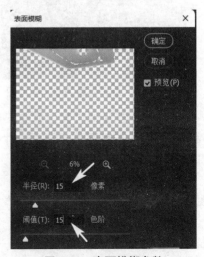

图 6.51　表面模糊参数

步骤 10：选择除"分色图"之外的所有图层，按键盘上的"Ctrl+E"组合键合并选择的图层，并将合并之后的图层命名为"卧室效果"。合并后的图层如图 6.53 所示。

步骤 11：复制图层。选择"卧室效果"图层，按键盘上的"Ctrl+J"组合命令，复制出一个副本图层。复制的副本图层如图 6.54 所示。

图 6.52　添加"表面模糊"后的效果　　　图 6.53　合并后的图层　　　图 6.54　复制的副本图层

步骤 12：在图层面板的下方单击【添加图层蒙版】按钮，给副本图层添加一个蒙版。添加蒙版的图层如图 6.55 所示。

步骤 13：打开一张 AO 图，如图 6.56 所示。按键盘上的"Ctrl+A"组合键全选图像区域，再按键盘上的"Ctrl+C"组合键，复制选择区域。

步骤 14：切换到"卧室角度 01 开启射灯 .psd"文件。按住"Alt"键，单击"卧室效果图副本"图层的蒙版区域。按键盘上的"Ctrl+V"组合键，将 AO 图复制到蒙版区域中。再按键盘上的"Ctrl+I"组合键，将蒙版反向。

步骤 15：设置"卧室效果副本"图层的叠加模式和不透明度参数，图层参数设置如图 6.57 所示。调节图层后的效果如图 6.58 所示。

 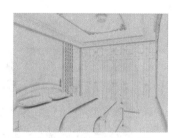 

图 6.55　添加蒙版的图层　　　图 6.56　打开的 AO 图　　　图 6.57　图层参数设置

步骤 16：合并所有图层。再将合并图层复制一个副本图层。复制的副本图层如图 6.59 所示。

步骤 17：单击【裁剪工具】，在图像编辑区框选所有区域。再按住键盘上的"Alt+Shift"组合键，将裁剪区域拖拽出一个填充区域，如图 6.60 所示。

图 6.58　调节图层后的效果　　　图 6.59　复制的副本图层　　　图 6.60　拖拽出来的区域

步骤 18：按键盘上的"Enter"键，只保留裁剪区内的图像。再按键盘上的"Ctrl+Delete"组合键，将最底层的图层填充为背景色（确保背景色为黑色）。填充后的效果如图 6.61 所示。

步骤 19：选择"卧室效果"图层。在菜单栏中单击【编辑（E）】→【描边（S）...】命令，弹出【描边】对话框，描边参数如图 6.62 所示。单击【确定】按钮完成描边。最终效果如图 6.63 所示。

 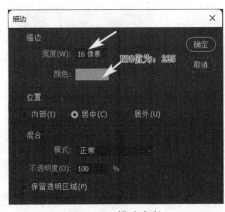 

图 6.61　填充后的效果　　　　　　　图 6.62　描边参数　　　　　　　图 6.63　最终效果

视频播放： 具体介绍请观看配套视频"任务一：处理摄像机 01 角度开启射灯的效果图.mp4"。

【任务一：处理摄像机 01 角度开启射灯的效果图】

任务二：处理摄像机 01 角度不开启射灯的效果图

步骤 1：启动 Photoshop 软件，打开渲染输出的效果图。打开的图像效果如图 6.64 所示。

步骤 2：将打开的文件另存为"卧室角度 01 不开启射灯 .psd"文件。在【图层】面板中双击"背景"图层。弹出【新建图层】对话框，保持默认设置，单击【确定】按钮即可将"背景"图层转换为"图层 0"。

步骤 3：调节图像的色阶。在【图层】面板的下方单击【创建新的填充或调整图层】按钮◑，弹出快捷菜单，单击【色阶...】命令即可添加一个"色阶"调整图层，具体参数设置如图 6.65 所示。调节色阶参数后的效果如图 6.66 所示。

 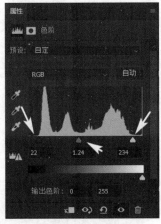 

图 6.64　打开的图像效果　　　　　　图 6.65　色阶参数设置　　　　　　图 6.66　调节色阶参数后的效果

步骤 4：在【图层】面板的下方单击【创建新的填充或调整图层】按钮◑，弹出快捷菜单，单击【亮度 / 对比度...】命令即可添加一个"亮度 / 对比度"调整图层，具体参数如图 6.67 所示。调节后的效果如图 6.68 所示。

步骤 5：在【图层】面板的下方单击【创建新的填充或调整图层】按钮◑，弹出快捷菜单，单击【曲线...】命令即可添加一个"曲线"调整图层，具体参数如图 6.69 所示。调节曲线后的效果如图 6.70 所示。

步骤 6：打开一张分色图，如图 6.71 所示，将其复制到"卧室角度 01 不开启射灯 .psd"文件中，"分色图"图层的位置如图 6.72 所示。

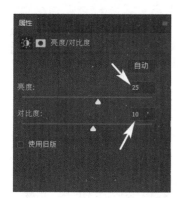

图 6.67　亮度 / 对比度参数

图 6.68　调节亮度 / 对比度参数后的效果

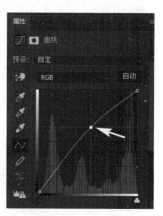

图 6.69　曲线参数

图 6.70　调节曲线后的效果

图 6.71　打开的分色图

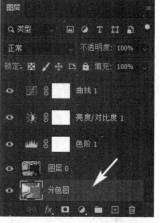

图 6.72　"分色图"图层的位置

步骤 7：确保"分色图"图层被选中，单击【魔棒工具】，在图像编辑区单击，选择的图像区域如图 6.73 所示。

步骤 8：选择"图层 0"，按键盘上的"Ctrl+C"组合键复制选区内容，再按"Ctrl+V"组合键将复制内容粘贴到当前位置。粘贴后的图层如图 6.74 所示。

步骤 9：在菜单栏中单击【滤镜】→【模糊】→【表面模糊】命令，弹出【表面模糊】对话框，具体参数如图 6.75 所示。单击【确定】按钮，添加表面模糊后的效果如图 6.76 所示。

图 6.73　选择的图像区域

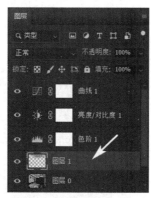

图 6.74　粘贴后的图层

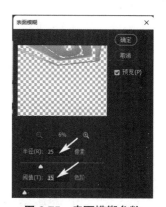

图 6.75　表面模糊参数

步骤 10：选择除"分色图"之外的所有图层，按键盘上的"Ctrl+E"组合键合并选择的图层，并将合并后的图层命名为"卧室效果"，合并后的图层如图 6.77 所示。

步骤 11：复制图层。选择"卧室效果"图层，按键盘上的"Ctrl+J"组合命令，复制出一个副本图层。复制的副本图层如图 6.78 所示。

图 6.76　添加表面模糊后的效果

图 6.77　合并后的图层

图 6.78　复制的副本图层

步骤 12：在图层面板的下方单击【添加图层蒙版】按钮◉，给副本图层添加一个蒙版。添加蒙版的图层如图 6.79 所示。

步骤 13：打开一张 AO 图，如图 6.80 所示。按键盘上的"Ctrl+A"组合键全选图像区域，再按键盘上的"Ctrl+C"组合键，复制选择区域。

步骤 14：切换到"卧室角度 01 不开启射灯 .psd"文件。按住键盘上的"Alt"键，单击"卧室效果图副本"图层的蒙版区域。按键盘上的"Ctrl+V"组合键，将 AO 图复制到蒙版区域中，再按键盘上的"Ctrl+I"组合键将蒙版反向。

步骤 15：设置"卧室效果副本"图层的叠加模式和不透明度参数。图层参数设置如图 6.81 所示。调节图层后的效果如图 6.82 所示。

图 6.79　添加蒙版的图层

图 6.80　打开的 AO 图

图 6.81　图层参数设置

步骤 16：合并所有图层。再将合并图层复制一个副本图层。复制的副本图层如图 6.83 所示。

步骤 17：单击【裁剪工具】🔲，在图像编辑区框选所有区域。再按住键盘上的"Alt+Shift"组合键，将裁剪区域拖拽出一个填充区域，如图 6.84 所示。

图 6.82　调节图层后的效果

图 6.83　复制的副本图层

图 6.84　拖拽出来的区域

步骤 18：按键盘上的"Enter"键，只保留裁剪区内的图像。再按键盘上的"Ctrl+Delete"组合键，将最底层的图层填充为背景色（确保背景色为黑色）。填充后的效果如图 6.85 所示。

步骤 19：选择"卧室效果"图层。在菜单栏中单击【编辑（E）】→【描边（S）...】命令，弹出【描边】对话框，描边参数如图 6.86 所示。单击【确定】按钮完成描边。最终效果如图 6.87 所示。

图 6.85　填充背景后的效果

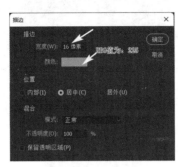
图 6.86　描边参数

图 6.87　最终效果

视频播放： 具体介绍请观看配套视频"任务二：处理摄像机 01 角度不开启射灯的效果图.mp4"。

【任务二：处理摄像机 01 角度不开启射灯的效果图】

任务三：处理摄像机 02 角度的效果图

摄像机 02 角度的效果图也需要处理两张，一张为射灯开启的效果，另一张为射灯不开启的效果。这两张效果图的处理方法与摄像机 01 角度的效果图处理方法基本一致。在此就不再详细介绍，请参考配套素材中的教学视频。

摄像机 02 角度的效果图如图 6.88 所示。

图 6.88　摄像机 02 角度的效果图

视频播放： 具体介绍请观看配套视频"任务三：处理摄像机 02 角度的效果图.mp4"。

【任务三：处理摄像机 02 角度的效果图】

五、项目小结

本项目主要介绍了卧室效果图后期处理的方法、步骤。要求重点掌握效果图后期处理的方法以及 Photoshop 中滤镜的灵活使用。

六、项目拓展训练

根据所学知识，打开"中式卧室拓展训练渲染图"文件进行后期处理，最终效果如图 6.89所示。

【项目 4：小结和拓展训练】

图 6.89　最终效果

第7章
室内空间 VR 效果表现

技能点

项目 1：导出 FBX 文件格式的模型。
项目 2：将模型导入虚拟引擎并调节材质。
项目 3：灯光、相机、交互动画、输出。

说 明

本章主要通过 3 个项目，介绍如何将 3ds Max 中完成的墙体、门窗、阳台、客厅、餐厅、阳台、卧室模型导出为 FBX 文件格式的模型，并将导出的 FBX 文件模型导入 IdeaVR 虚拟引擎中，最后使用虚拟引擎完成室内空间 VR 效果表现。

教学建议课时数

一般情况下需要 8 课时，其中理论 2 课时，实际操作 6 课时（特殊情况下可做相应调整）。

【第7章　内容简介】

项目 1：导出 FBX 文件格式的模型

一、项目内容简介

本项目主要介绍导出 FBX 文件格式模型的方法、步骤。

二、项目效果欣赏

三、项目制作流程

四、项目详细过程

项目引入：

（1）FBX 文件格式的作用和优缺点。
（2）FBX 文件格式导出的方法和注意事项。
（3）FBX 文件格式导出的基本流程。

任务一：了解 FBX 文件格式

FBX 格式的文件可以直接使用 windows10 自带的应用"混合显示查看器"打开，也可以使用 3ds Max、Maya 等三维软件打开并使用。

FBX 是 FilmBoX 这套软件所使用的格式，后来改称为 Motionbuilder。因为 Motionbuilder 是动作制作的平台，所以前端的 modeling（模型）和后端的 rendering（渲染）都要依赖于其他软件的配合，因此 Motionbuilder 在文件的转换上下了一番功夫。FBX 格式主要用于在 3ds Max、Maya、Softimage 等三维软件间进行模型、材质、动作和摄影机信息的互导，可以发挥这些软件的优势。可以说，FBX 格式是最好的互导形式。

在 GDC 2010 大会（2010 游戏开发者大会）上，AUTODESK 公司联手 Unreal Engine 3 的拥有者 EPIC 公司发布了 FBX2011 计划。计划中，EPIC 公司将在其最新版本的 Unreal Engine 3 和 UDK 中全面启动对 FBX 格式的支持，FBX 将作为 Unreal Engine 3 和 UDK 的首选格式，可以使很多 3D 工具的使用者不再为格式和插件而困扰，只要软件支持 FBX 格式输出，就可以轻松地将 3D 作品、动画、骨骼文件等全面导入 Unreal Engine 3 和 UDK。本章介绍的 IdeaVR 虚拟引擎也支持 FBX 格式。

视频播放： 具体介绍请观看配套视频"任务一：了解 FBX 文件格式 .mp4"。

【任务一：了解 FBX 文件格式】

任务二：使用 IdeaVR 制作 VR 效果的基本流程

使用 IdeaVR 制作 VR 效果的基本流程如下。

步骤 1：使用三维软件制作模型。三维软件主要有 3ds Max、Maya、Zbrush、Blender、C4D 等。

步骤 2：对制作的三维模型进行 UV 拆分。可以使用三维软件自带的 UV 拆分功能，也可以使用专门 UV 拆分的工具。

步骤 3：给 UV 拆分好的模型绘制贴图。绘制贴图软件主要有 Photoshop、Substance Painter 等。

步骤 4：再回到三维软件中，给三维模型赋予贴图并调节材质，测试三维模型添加材质之后是否有问题。此步骤可能需要不断测试和调试。

步骤 5：在三维动画软件中制作动画。

步骤 6：将添加材质的三维模型导出为 FBX 或 OBJ 格式的文件。

步骤 7：将符合要求的文件导入虚拟引擎软件 IdeaVR 中进行交互制作，完成后输出即可。目前比较流行的虚拟引擎软件还有 UE、Unity。

视频播放： 具体介绍请观看配套视频"任务二：使用 IdeaVR 制作 VR 效果的基本流程 .mp4"。

【任务二：使用 IdeaVR 制作 VR 效果的基本流程】

任务三：将完成的三维模型导出为 FBX 文件

在本任务中，主要以第 2 章至第 6 章中完成的模型和材质贴图文件导出为 FBX 文件为基础，介绍 FBX 文件的导出和注意事项。

步骤 1：打开前面制作完成的墙体和客厅模型，打开的文件效果如图 7.1 所示。

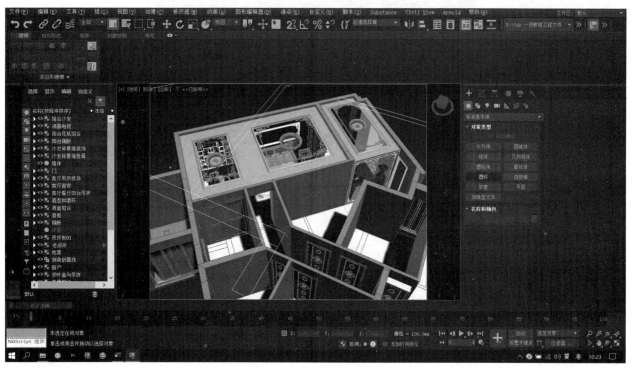

图 7.1　打开的文件效果

步骤 2：选择需要导出的文件。以导出墙体为例，在场景中选择"墙体"，如图 7.2 所示。

步骤 3：在菜单栏中单击【文件（F）】→【导出（E）】→【导出选定对象...】命令，弹出【选择要导出的文件】对话框，在该对话框中设置导出模型的路径和文件名，具体设置如图 7.3 所示。

步骤 4：单击【保存（S）】按钮，弹出【FBX 导出】对话框，具体设置如图 7.4 所示。

图 7.2 选择"墙体"

图 7.3 【选择要导出的文件】对话框具体设置

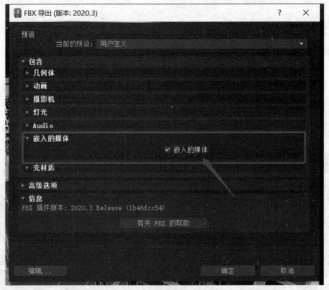

图 7.4 【FBX 导出】对话框具体设置

提示： 在【FBX 导出】对话框中，可以根据项目要求进行设置，一般情况下采用模型设置，再勾选"嵌入的媒体"项目即可。

步骤 5：单击【确定】按钮，完成墙体模型的 FBX 文件的导出。

步骤 6：方法同上，按要求依次将其他模型导出为 FBX 格式的文件。最终导出的文件如图 7.5 所示。

提示： 在 3ds Max 默认情况下，导出的文件自动保存在"项目"中的"export"文件夹下。如果导出的文件比较多，建议按文件分类新建文件夹，再将模型导出到相应的文件夹中，以便于管理。

视频播放： 具体介绍请观看配套视频"任务三：将完成的三维模型导出为 FBX 文件.mp4"。

【任务三：将完成的三维模型导出为 FBX 文件】

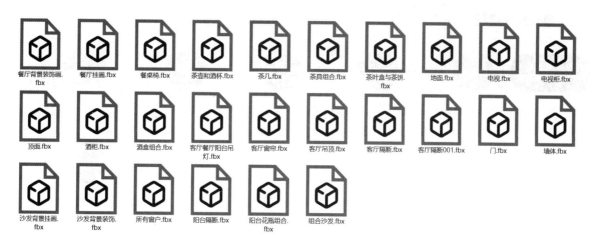

图 7.5　最终导出的文件

五、项目小结

本项目介绍了 FBX 文件格式的作用和导出方法、用 IdeaVR 制作 VR 效果的基本流程。要求重点掌握导出 FBX 文件格式的具体导出方法。

【项目 1：小结和拓展训练】

六、项目拓展训练

根据所学知识，将卧室场景中的模型导出为 FBX 文件，导出的 FBX 文件如图 7.6 所示

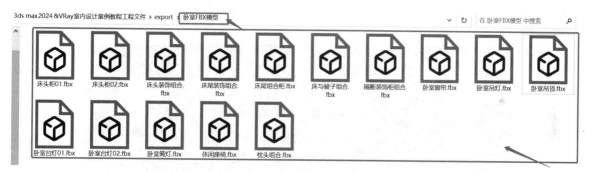

图 7.6　导出的 FBX 文件

项目 2：将模型导入虚拟引擎并调节材质

一、项目内容简介

本项目主要介绍将模型导入虚拟引擎并调节材质的方法、步骤。

【项目 2：内容简介】

二、项目效果欣赏

三、项目制作流程

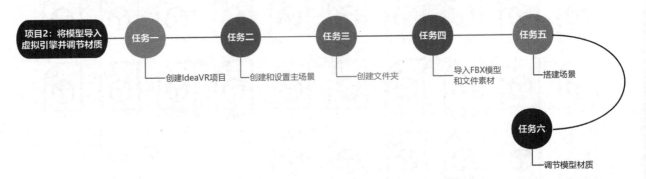

项目2：将模型导入虚拟引擎并调节材质 → 任务一（创建IdeaVR项目）→ 任务二（创建和设置主场景）→ 任务三（创建文件夹）→ 任务四（导入FBX模型和文件素材）→ 任务五（搭建场景）→ 任务六（调节模型材质）

四、项目详细过程

项目引入：

（1）IdeaVR 项目的创建。
（2）IdeaVR 的基本操作。
（3）文件的导入和使用。
（4）材质调节的方法、步骤。

任务一：创建 IdeaVR 项目

步骤1：在桌面双击█图标，弹出【IDEAVR−项目管理器】对话框，如图 7.7 所示。

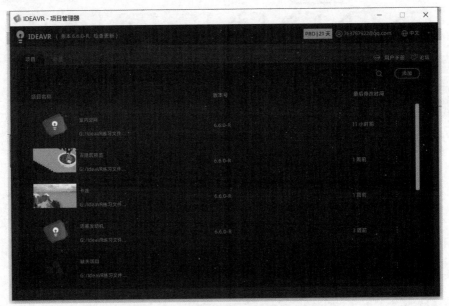

图 7.7 【IDEAVR−项目管理器】对话框

步骤 2：在【IDEAVR−项目管理器】对话框中单击【新建】选项，选择需要创建项目的模板、保存路径和名称，具体设置如图 7.8 所示。

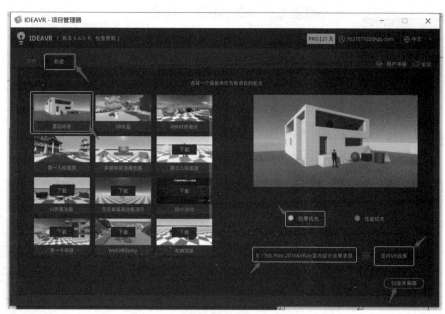

图 7.8　【新建】选项的具体设置

步骤 3：单击【创建并编辑】按钮，完成项目的创建并进入编辑界面，IDEAVR 2021 界面如图 7.9 所示。

图 7.9　IDEAVR 2021 界面

视频播放：具体介绍请观看配套视频"任务一：创建 IdeaVR 项目.mp4"。

【任务一：创建
IdeaVR 项目】

图 7.10　弹出的下拉菜单

任务二：创建和设置主场景

步骤 1：在界面的左上角单击"添加新场景"图标，弹出下拉菜单，如图 7.10 所示。

步骤 2：在弹出的下拉菜单中单击【3D 场景】命令，即可创建一个新的 3D 空场景界面，如图 7.11 所示。

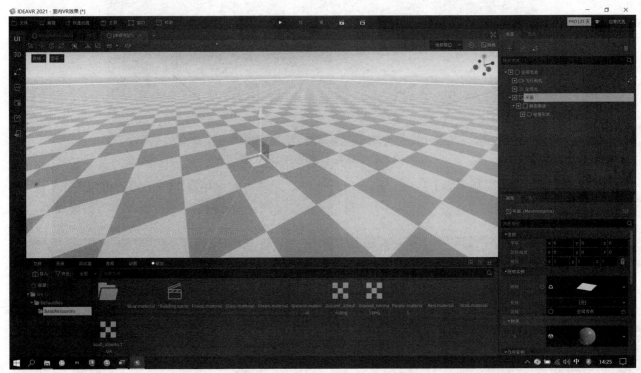

图 7.11　创建的 3D 空场景界面

步骤 3：创建的 3D 空场景包括"空间节点""飞行相机""定向光""平面"几个节点。【场景】节点对话框如图 7.12 所示。

步骤 4：按键盘上的"Ctrl+S"组合键，弹出【场景另存为】对话框，在该对话框中设置保存路径和场景名称，如图 7.13 所示。

步骤 5：单击【保存】按钮，完成新建场景的保存。

步骤 6：将保存的场景设置为主场景。在需要设置为主场景的图标上单击鼠标左键，弹出快捷菜单，如图 7.14 所示。

步骤 7：单击【设为主场景】命令，完成主场景的设置。

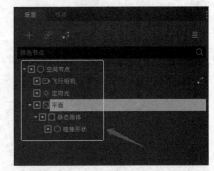

图 7.12　【场景】节点对话框

提示：设置主场景的目的是在每次启动软件时，将该场景作为第一个场景运行，如果需要切换到其他场景，则通过创建交互动作来完成。

视频播放：具体介绍请观看配套视频"任务二：创建和设置主场景.mp4"。

【任务二：创建
和设置主场景】

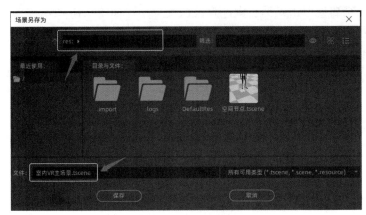

图 7.13　【场景另存为】对话框具体设置

图 7.14　弹出的快捷菜单

任务三：创建文件夹

为了便于管理，在导入 FBX 格式文件时建议创建文件夹，将文件分类放置。

步骤 1：在创建的项目根目录【文件】对话框的空白处单击鼠标右键，弹出快捷菜单，如图 7.15 所示。

步骤 2：在弹出的快捷菜单中单击【新建文件夹…】命令，弹出对话框，在该对话框中输入需要新建文件夹的名称，如图 7.16 所示。

步骤 3：单击【确定】按钮，完成文件的创建。

步骤 4：方法同上。继续创建需要的文件夹，如图 7.17 所示。

图 7.15　弹出的快捷菜单

图 7.16　【新建文件夹】对话框

图 7.17　创建的文件夹

视频播放：具体介绍请观看配套视频"任务三：创建文件夹.mp4"。

【任务三：创建文件夹】

任务四：导入 FBX 模型和文件素材

在搭建场景和创建交互动作之前，需要将所有模型和文件素材导入 IdeaVR 系统中。

步骤 1：选择需要导入的 FBX 文件，按键盘上的"Ctrl+C"组合键，复制选择的文件。

步骤 2：在需要放置导入素材的文件夹的空白处单击鼠标右键，弹出快捷菜单，如图 7.18 所示。

步骤 3：在快捷菜单中单击【在文件管理中打开】命令，打开 IdeaVR 文件管理器，按键盘上的"Ctrl+V"组合键，将文件粘贴到【文件管理器】中，如图 7.19 所示。

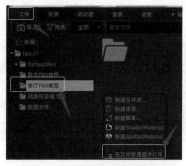

图 7.18　弹出的快捷菜单

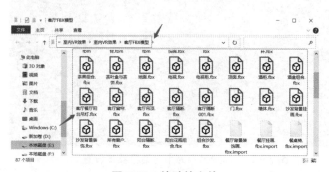

图 7.19　粘贴的文件

步骤 4：单击【文件管理器】右上角的【×】按钮，即可将模型和文件素材导入 IdeaVR 系统中，如图 7.20 所示。

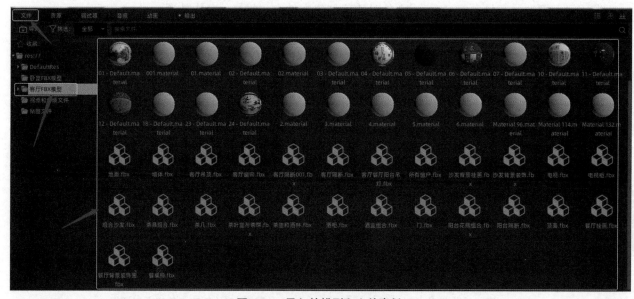

图 7.20　导入的模型和文件素材

提示：在导入 FBX 格式文件时，系统自动将与模型相关联的所有信息导入，如材质、贴图、声音、骨骼、摄像机、动画等。

步骤 5：方法同上。将其他 FBX 文件和贴图素材全部导入 IdeaVR 系统中。

视频播放：具体介绍请观看配套视频"任务四：导入 FBX 模型和文件素材.mp4"。

任务五：搭建场景

搭建场景的方法比较简单，只需将 FBX 文件直接拖拽到场景中，再进行参数归零即可。以搭建墙体为例，具体操作方法如下。

【任务四：导入 FBX 模型和文件素材】

步骤 1：在"客厅 FBX 模型"文件夹中将鼠标移到"墙体 .fbx"文件图标上。鼠标所在的位置如图 7.21 所示。

步骤 2：按住鼠标左键不放，将模型拖拽到场景中，松开鼠标左键即可。

步骤 3：在【属性】面板中单击"变换"属性右侧的◙图标，单击图标的位置如图 7.22 所示，即可将模型在场景的位置归零。归零后，模型在场景中的效果如图 7.23 所示。

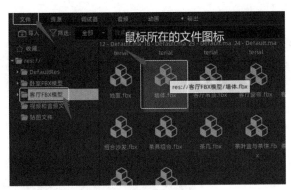

图 7.21　鼠标所在的位置

图 7.22　单击图标的位置

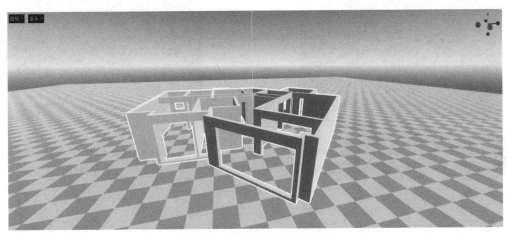

图 7.23　模型在场景中的效果

步骤 4：方法同上。将客厅和卧室的模型拖拽到场景中，并将模型的变换参数归零。最终搭建的场景效果如图 7.24 所示。

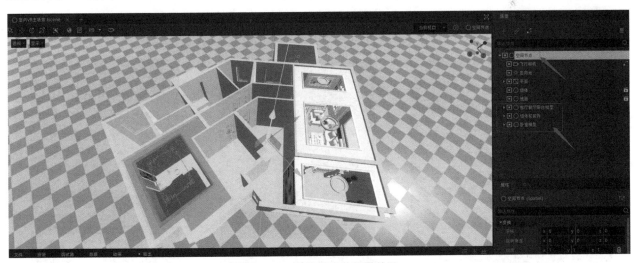

图 7.24　最终搭建的场景效果

视频播放：具体介绍请观看配套视频"任务五：搭建场景.mp4"。

任务六：调节模型材质

在 IdeaVR 中，可以直接使用其他软件中绘制的材质和贴图，也可以使用引擎自身提供的材质。材质调节的方法、步骤如下。

【任务五：搭建场景】

1. 将导入的模型进行本地化处理

在调节模型材质前，需要将模型进行本地化处理。

步骤 1：在场景中单击客厅中的"沙发背景挂画"模型，此时在【场景】节点对话框中"沙发背景挂画"被选中，呈黄底黑字显示。被选中的显示效果如图 7.25 所示。

步骤 2：将鼠标移到被选中的节点上，单击鼠标右键，弹出快捷菜单，单击【使用本地】命令，即可将该节点进行本地化处理。处理后的节点如图 7.26 所示。

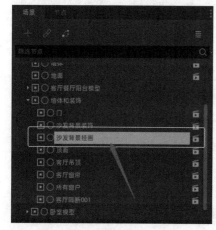

图 7.25　被选中的显示效果

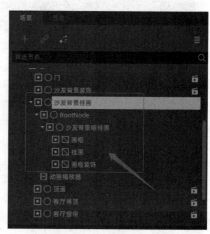

图 7.26　处理后的节点

2. 对导入的材质进行编辑

在导入 FBX 格式文件的模型时，系统会自动将材质和贴图自动导入，因此直接对模型自带材质进行编辑即可。

步骤 1：在【场景】节点对话框中选择"挂画"节点。选择的节点如图 7.27 所示。

步骤 2：直接将导入的图片素材拖拽到"纹理"右侧的"空"选框中。"纹理"参数如图 7.28 所示，松开鼠标即可将该素材添加到"纹理"中。添加了图片素材的"纹理"效果如图 7.29 所示。

步骤 3：根据项目要求，适当调节材质参数。调节参数后的效果如图 7.30 所示。

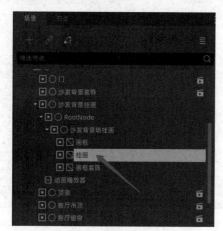

图 7.27　选择的节点

图 7.28　"纹理"参数

图 7.29　添加了图片素材的
"纹理"效果

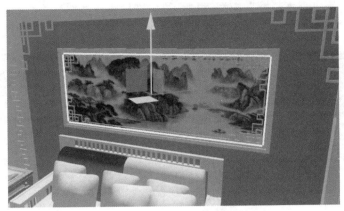

图 7.30　调节参数后的效果

3. 使用 IdeaVR 系统自带的材质

如果导入的模型没有材质，或导入模型的材质不符合场景要求，可直接使用系统自带材质，并对自带材质进行适当调节即可。

步骤 1：在【场景】节点对话框中选择"画框"节点。选择的节点如图 7.31 所示。

步骤 2：切换到【资源】面板中，将鼠标移到需要使用的材质上。选择的材质如图 7.32 所示。

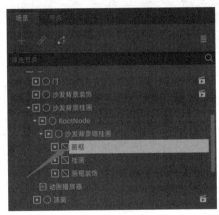

图 7.31　选择的节点

图 7.32　选择的材质

步骤 3：按住鼠标左键不放，将材质拖拽到【属性】面板的材质球上。添加自带材质的【属性】面板，如图 7.33 所示。

步骤 4：对添加的自带材质的参数进行适当调节。调节后的效果如图 7.34 所示。

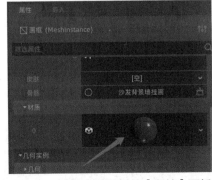

图 7.33　添加自带材质的【属性】面板

图 7.34　调节后的效果

步骤 5：方法同上。给"画框装饰"模型添加系统自带材质。添加材质后的效果如图 7.35 所示。
步骤 6：方法同上。继续对"沙发背景装饰"模型进行材质调节。调节后的效果如图 7.36 所示。

图 7.35　添加材质后的效果

图 7.36　调节后的效果

步骤 7：方法同上。继续对客厅和餐厅模型进行材质调节。调节后的最终效果如图 7.37 所示。

图 7.37　调节后的最终效果

**视频播放：** 具体介绍请观看配套视频"任务六：调节模型材质.mp4"。

【任务六：调节
模型材质】

五、项目小结

本项目主要介绍了创建 IdeaVR 项目、创建和设置主场景、创建文件夹、导入 FBX 模型和文件素材、搭建场景、调节模型材质等知识点。要求重点掌握搭建场景和调节模型材质的方法、步骤。

六、项目拓展训练

根据所学知识和提供的拓展训练素材，创建 IdeaVR 项目，导入模型和素材，练习场景搭建和材质调节。

【项目 2：小结
和拓展训练】

项目 3：灯光、相机、交互动画、输出

一、项目内容简介

本项目主要介绍创建灯光、相机、交互动画和输出的方法、步骤。

【项目 3：内容
简介】

二、项目效果欣赏

三、项目制作流程

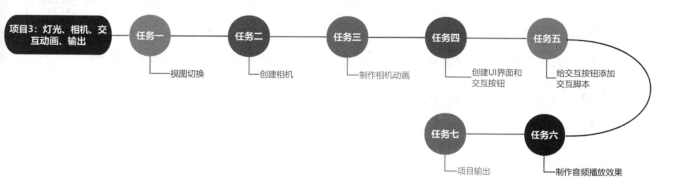

四、项目详细过程

项目引入：

（1）创建相机的方法、步骤。
（2）相机动画制作的方法、步骤。
（3）UI 界面的概念和 UI 界面创建的方法、步骤。
（4）灯光创建的方法、步骤。
（5）交互动画的制作方法、步骤以及注意事项。

任务一：视图切换

在默认情况下，IdeaVR 虚拟引擎以一个视口显示。该视口为当前视口。为了方便相机动画的制作，可以将视口切换为多个视口，一般切换为两个视口。

步骤 1：在菜单栏中单击【窗口】→【视图】，弹出二级子菜单，如图 7.38 所示。

步骤 2：二级子菜单包括"1 个视口""2 个视口""2 个

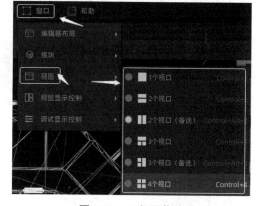

图 7.38　二级子菜单

视口（备选）""3 个视口""3 个视口（备选）""4 个视口"6 个命令。单击相应命令即可切换为对应的视口。在此，单击"2 个视口"命令，即可显示为 2 个视口。2 个视口显示的效果如图 7.39 所示。

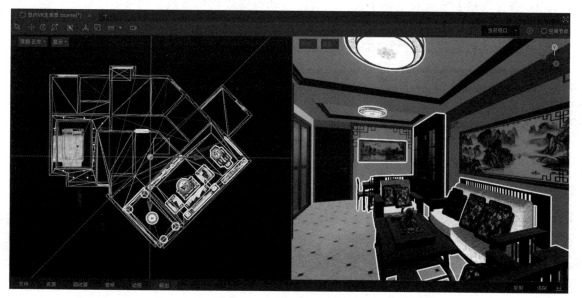

图 7.39　2 个视口显示的效果

视频播放： 具体介绍请观看配套视频"任务一：视图切换.mp4"。

【任务一：视图切换】

任务二：创建相机

在 IdeaVR 中，预览动画主要是通过移动相机来完成。在创建预览动画之前，先要创建相机动画。

步骤 1：在菜单栏中单击【快速创建】→【相机】命令，弹出二级子菜单，如图 7.40 所示。

步骤 2：可以创建 4 种相机。【创建相机】命令用来创建浏览动画相机。其他 3 个命令用来创建带有交互动画的相机。

步骤 3：单击二级子菜单中的【相机】命令，即可创建一个相机，将该相机重命名为"相机客厅视角 1"。

步骤 4：在视口中选择创建的相机，调节相机属性参数来确定相机的视口和位置。调节后的相机位置和相机视角如图 7.41 所示。

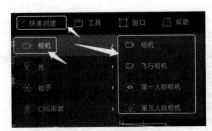

图 7.40　二级子菜单

图 7.41　调节后的相机位置和相机视角

视频播放： 具体介绍请观看配套视频"任务二：创建相机.mp4"。

【任务二：创建相机】

任务三：制作相机动画

相机动画的制作主要通过动画播放器来实现，具体操作如下。

步骤 1：在菜单栏中单击【快速创建】→【动画播放器】命令，即可创建一个"动画播放器"节点，如图 7.42 所示。

步骤 2：在【场景】节点对话框中选择创建的"动画播放器"节点。切换到动画编辑器，单击如图 7.43 所示的【动画工具】图标，弹出快捷菜单，单击【新建】命令，弹出【创建新动画】对话框。

步骤 3：在【创建新动画】对话框中输入需要创建的相机动画名称，如图 7.44 所示。

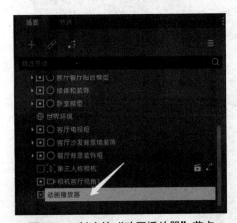

图 7.42　创建的"动画播放器"节点

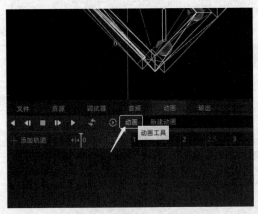

图 7.43　【动画工具】图标

图 7.44　相机动画名称

步骤 4：单击【确定】按钮，创建一个新的动画名称。

步骤 5：在【场景】节点对话框中选择"相机客厅视角 1"，在【动画】播放器中设置动画为 5 秒，动画指针在第 0 秒的位置。【动画】播放器的具体设置如图 7.45 所示。

图 7.45　【动画】播放器的具体设置

步骤 6：在"相机客厅视角 1"的【属性】面板中单击"平移"属性右侧的"关键帧"按钮，单击的关键帧按钮如图 7.46 所示。创建的关键帧如图 7.47 所示。

步骤 7：将指针移到第 5 秒的位置，调节"相机客厅视角 1"的位置。具体位置和视角如图 7.48 所示。

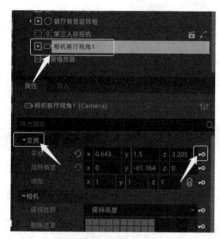

图 7.46　关键帧按钮

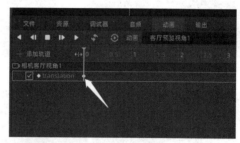

图 7.47　创建的关键帧

图 7.48　具体位置和视角

步骤 8：在【属性】面板中单击"平移"参数右侧的"关键帧"按钮，即可创建一个时间为 5 秒的相机动画。

步骤 9：方法同上。继续创建其他视角的相机和相机动画。

视频播放：具体介绍请观看配套视频"任务三：制作相机动画.mp4"。

任务四：创建 UI 界面和交互按钮

相机动画需要通过 UI 交互按钮来实现，具体操作如下。

步骤 1：在【场景】节点对话框中选择【空间节点】。选择的"空间节点"如图 7.49 所示。

【任务三：制作
相机动画】

步骤 2：在【场景】节点对话框中单击"添加子节点"按钮█，弹出【新建 Node】对话框，选择【UI 组件（Control）】节点，单击【新建】按钮，创建一个"UI 组件"节点。创建的"UI 组件"节点如图 7.50 所示。

步骤 3：选择创建的"UI 组件"节点，在菜单栏中单击【快速创建】→【平面空间】→【按钮】命令，即可创建一个按钮。

步骤 4：根据要求修改按钮的节点名称和参数，具体参数设置如图 7.51 所示。按钮效果如图 7.52 所示。

步骤 5：方法同上。继续添加交互按钮，添加的交互按钮如图 7.53 所示。交互按钮效果如图 7.54 所示。

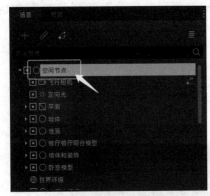

图 7.49　选择的"空间节点"

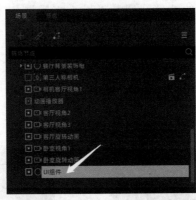

图 7.50　创建的"UI 组件"节点

图 7.51　具体参数设置

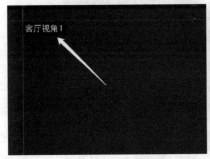

图 7.52　按钮效果

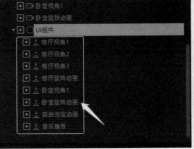

图 7.53　添加的交互按钮

图 7.54　交互按钮效果

视频播放：具体介绍请观看配套视频"任务四：创建 UI 界面和交互按钮.mp4"。

【任务四：创建 UI 界面和交互 按钮】

任务五：给交互按钮添加交互脚本

相机动画需要通过交互按钮来控制，具体操作如下。

1. 创建脚本编辑器

步骤 1：在【场景】节点对话框中选择"空间节点"，单击【为选中节点创建或设置脚本】按钮，弹出【设置节点的脚本】对话框，具体设置如图 7.55 所示。

步骤 2：单击【新建】按钮，即可创建一个脚本编辑器，如图 7.56 所示。

2. 给交互按钮连接信号

步骤 1：在【场景】节点对话框中选择"客厅视角 1"按钮，单击"节点"项，切换到【节点】连接面板，选择需要连接的节点，如图 7.57 所示。

步骤 2：单击【连接信号...】按钮，弹出【连接信号到方法】对话框，在该对话框中选择连接的节点编辑器，如图 7.58 所示。

图 7.55　【设置节点的脚本】对话框具体设置

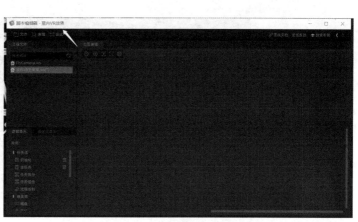

图 7.56　创建的【脚本编辑器】

图 7.57　选择需要连接的节点

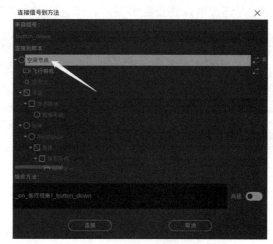

图 7.58　选择的节点编辑器

步骤 3：单击【连接】按钮，创建一个交互连接节点，如图 7.59 所示。

步骤 4：方法同上。继续将其他几个交互按钮连接信号，连接后创建的连接节点如图 7.60 所示。

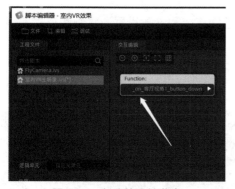

图 7.59　创建的连接节点

图 7.60　连接后创建的连接节点

3. 创建初始脚本

步骤 1：在【脚本编辑器】中将"初始化"节点拖拽到编辑器中，再将创建的每个相机的"当前的"参数拖拽到"编辑区"。"当前的"参数节点如图 7.61 所示。

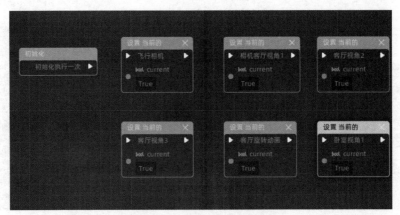

图 7.61 "当前的"参数节点

步骤 2：连接节点并设置节点，具体连接和设置如图 7.62 所示。

图 7.62 具体连接和设置

4. 连接相机动画脚本

相机动画主要通过单击交互按钮，并触发播放动画来实现。以连接"客厅视角 1"交互动画为例，具体操作如下。

步骤 1：在【脚本编辑器】中将"动画播放"节点拖拽到脚本编辑区。

步骤 2：在脚本编辑区选择"动画播放器"节点，单击"动画播放器"节点右侧的"节点连接"框，弹出【选择一个节点】对话框。

步骤 3：在【选择一个节点】对话框中选择"空间节点"下创建的"动画播放器"，单击【确定】按钮，完成动画播放器的连接。连接后的效果如图 7.63 所示。

步骤 4：复制初始化时创建的节点，并与"动画播放器"进行连接和参数设置。复制和连接的效果如图 7.64 所示。

图 7.63 连接后的效果

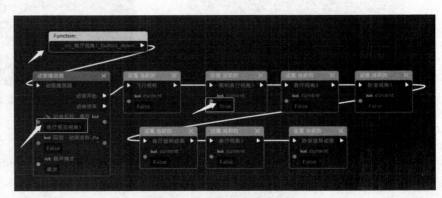

图 7.64 复制和连接的效果

步骤 5：方法同上。复制"动画播放器"和相机的"当前的"参数节点，并进行连接和参数设置。

> **提示：** 只需将参数对应交互按钮的"设置 当前的"节点设置为"Ture"，其他的"设置 当前的"的参数设置为"False"即可。

> **视频播放：** 具体介绍请观看配套视频"任务五：给交互按钮添加交互脚本.mp4"。

【任务五：给交互按钮添加交互脚本】

任务六：制作音频播放效果

步骤 1：在【场景】节点对话框中选择"空间节点"，在菜单栏中单击【快速创建】→【多媒体】→【3D 音频播放器】命令，即可创建一个"3D 音频播放器"节点。

步骤 2：选择创建的"3D 音频播放器"节点，将"高山流水 .mp3"音频拖拽到"音频流"参数，拖拽后的效果如图 7.65 所示。

步骤 3：将"3D 音频播放器"节点的"播放"节点拖拽到【脚本编辑器】的脚本编辑区，与"音乐播放"节点进行连接和设置。具体连接和设置如图 7.66 所示。

步骤 4：制作完毕，单击【运行】按钮■，测试完成效果。测试效果如图 7.67 所示。在测试过程，可以随时播放或停止音乐。

图 7.65 拖拽后的效果

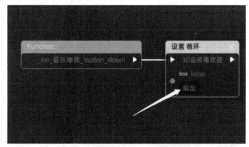

图 7.66 具体连接和设置

图 7.67 测试效果

> **视频播放：** 具体介绍请观看配套视频"任务六：制作音频播放效果.mp4"。

【任务六：制作音频播放效果】

任务七：项目输出

通过测试，确认动画和交互没有问题，则可以根据要求输出项目。

步骤1：在菜单栏中单击【文件】→【导出】命令，弹出【导出】设置对话框。

步骤2：在【导出】设置对话框中单击▉图标，设置保存路径和文件名，勾选"使用调试导出"选项。

步骤3：单击【导出项目】按钮，完成项目的导出。

视频播放：具体介绍请观看配套视频"任务七：项目输出.mp4"。

【任务七：项目输出】

五、项目小结

本项目主要介绍了视图切换、创建相机、制作相机动画、创建 UI 界面和交互按钮、给交互按钮添加交互脚本、制作音频播放效果、项目输出。要求重点掌握相机动画制作、交互脚本设置的方法、步骤。

六、项目拓展训练

根据提供的素材和模型，创建相机动画和交互动画。

【项目3：小结和拓展训练】